# DISCOURS

DE L'ANTAGONIE

## DU CHIEN ET DU LIÈVRE

PARIS

*CABINET DE VÉNERIE*

M DCCC LXXX

*CABINET DE VÉNERIE*

PUBLIÉ

PAR E. JULLIEN ET PAUL LACROIX

---

I

# DISCOURS

DE L'ANTAGONIE

## DU CHIEN ET DU LIÈVRE

TIRAGE

300 exemplaires sur papier de Hollande,
20 — sur papier de Chine,
20 — sur papier Whatman.

340 exemplaires, numérotés.

# DISCOURS

DE L'ANTAGONIE

# DU CHIEN & DU LIÈVRE

PAR JEHAN DU BEC

*Réimprimé sur l'édition originale*

AVEC UNE NOTICE ET DES NOTES

PAR

ERNEST JULLIEN



IOVAVST

PARIS

LIBRAIRIE DES BIBLIOPHILES

Rue Saint-Honoré, 338

M DCCC LXXX

# JEAN DU BEC

## ET SES ŒUVRES

---

Erudit, *doué d'un esprit observateur, se servant de la plume avec la même fougue qu'il avait manié l'épée, Jean du Bec eût pu, comme plusieurs de ses contemporains, écrire des mémoires. Ceux-ci auraient certainement offert le plus vif intérêt; l'abbé de Mortemer joua en effet un rôle relativement important pendant la seconde moitié du XVIe siècle et au commencement du XVIIe. Peut-être sa personnalité lui parut-elle trop secondaire pour s'arroger le droit de la mettre en relief; aussi est-ce à d'autres sources que nous devons emprunter quelques détails biographiques sur l'auteur de l'*Antagonie du Chien et du Lièvre.

*Les du Bec ou du Bec-Crépin appartenaient à la plus ancienne noblesse de Normandie. Ils portaient* losangé d'argent et de gueules. *Leur famille, divisée en diverses branches, possédait de nombreuses seigneuries dans le pays de Caux ainsi que dans le Vexin. Une antique tradition les faisait descendre de Grimaldi, prince de Monaco, et de Crispine, fille de Rollon, duc de Normandie* [1]. *Selon cette tradition, Crispin ou Crespin, surnommé Ansgotus, second fils de Grimaldi, épousa Louise ou Hellois, fille du comte de Guines, et devint propriétaire de la baronnie du Bec, au pays de Caux; de là le nom de du Bec-Crépin* [2]. *Quelle qu'ait été son origine, la famille de l'abbé de Mortemer comptait depuis plusieurs siècles de puissants et illustres person-*

1. Moréri, *Grand Dictionnaire historique*, art. *Bec*.— Roll, Rollon ou Raoul, fut fait duc de Normandie par le roi Charles le Simple, lors du traité de Saint-Clair-sur Epte, en 911. L'année suivante, il prit au moment de son baptême le nom de Robert, et épousa peu après la princesse Gisèle, fille de Charles le simple.

2. Le savant dom Toussaint-Duplessis (*Le Vexin*, Paris, 1740) semble admettre cette tradition, car il dit au sujet du domaine patronymique des du Bec : « Le Bec-Crépin est un château qui s'appelait anciennement le Bec-Vauquelin, et qui dans la suite, ayant pris le nom d'un autre seigneur nommé Crépin, a donné ce même nom à une illustre famille de Normandie. Le nom de Bec lui vient de ce qu'il est situé à la source de la petite rivière qui passe à Montivilliers et à Harfleur; on l'a appelé aussi le Bec-de-Mortemer. Au nord et au midi de ce château sont deux villages et deux églises paroissiales qui empruntent leurs noms du château même. »

*nages parmi ses membres : Guillaume Ier du Bec suivit Guillaume le Bâtard, duc de Normandie, lors de la conquête de l'Angleterre en 1066; le 23 décembre 1312, le pape Clément V éleva Michel du Bec à la dignité de cardinal-prêtre, du titre de Saint-Étienne* in Cœlio Monte; *Guillaume IV du Bec, connétable héréditaire de Normandie, fut maréchal de France sous Philippe le Hardi; Antoine du Bec, abbé de Jumièges, successivement évêque de Paris et de Laon, puis archevêque de Narbonne, mort en 1472, prit une part active aux affaires de son temps; enfin François Ier, le 27 décembre 1529, fit Charles Ier du Bec, sieur de Boury et de Vardes, chevalier de Saint-Michel et vice-amiral de France.*

*Le vice-amiral eut de Magdelaine de Beauvilliers-Saint-Aignan plusieurs enfants : Charles II, baron de Boury; Philippe, évêque de Vannes en 1559, nommé bientôt après au siège de Nantes en 1566; Pierre, sieur de Vardes, et Françoise, femme de Jacques de Mornay, mère du célèbre Philippe de Mornay. Pendant la campagne de 1558 contre les Espagnols, Charles de Boury servit, sous les ordres du maréchal Strozzi, comme guidon d'une compagnie de quatre-vingts lances des ordonnances du roi [1]; mais une ambition*

1. Le P. Anselme, *Histoire généalogique et chronologique de la maison de France*, t. II, p. 86.

*exagérée le faisait aspirer après les premières charges de l'État; aussi, ne se voyant pas en cour le crédit auquel il estimait avoir droit, il se mit avec ardeur dans le parti protestant.*

*Pierre de Vardes imita le chef de sa maison. Les deux frères amenèrent aux huguenots la meilleure partie de leur infanterie; en outre, entraînés par eux, beaucoup de gentilshommes tant du Vexin que de la Normandie se joignirent à Condé et à l'amiral de Coligny.*

*De Boury et de Vardes se trouvèrent ainsi, le 10 novembre 1567, à la bataille de Saint-Denis, livrée par Condé aux troupes royales que commandait le connétable de Montmorency. D'après de Thou et le P. Anselme* [1]*, ce fut même Pierre de Vardes, alors maître de camp de la cavalerie légère des huguenots, qui engagea l'action.*

*Malgré des services aussi signalés, le maître de camp et le baron de Boury eurent néanmoins peu à se féliciter d'avoir embrassé la religion réformée; à la suite de nombreux déboires, les exhor-*

1. *Histoire généalogique*, t. II, p. 87. — De Thou, dans son *Histore universelle* (éd. La Haye, 1740, t. IV, p. 16), désigne, il est vrai, le maître de camp de la cavalerie légère protestante sous les noms de Nicolas de Vardes; cependant Pierre et Nicolas de Vardes sont évidemment une seule et même personne, car ni Moréri ni le P. Anselme ne citent au XVIe siècle un du Bec de Vardes portant le prénom de Nicolas.

*tations de leur frère Philippe, évêque de Nantes, les ramenèrent facilement dans le sein du catholicisme.*

*Jean du Bec naquit vers* 1540, *au Bec-Hellouin* [1], *il était le second fils de Charles de Boury et de Marie de Cléry, dame de Gonceville; il fut élevé, dit-on, dans le protestantisme, ce qui tendrait à prouver que le baron de Boury avait adopté les doctrines nouvelles bien avant l'année* 1567. *Le futur abbé de Mortemer passa son enfance en Allemagne; il parcourut ensuite l'Italie, puis voyagea dans certaines parties de l'Orient, notamment en Égypte et en Palestine, recueillant partout soit des médailles, soit de précieux manuscrits. Plus tard, Jean du Bec conçut le projet de donner la description des contrées qu'il avait visitées, et d'expliquer « la diversité des mœurs » ainsi que les dissemblances physiques de leurs habitants; mais ce projet, auquel il est fait allusion dans le VIII^e^ chapitre de l'*ANTAGONIE DU CHIEN ET DU LIÈVRE, *ne semble pas avoir été jamais réalisé.*

---

1. Gadebled, *Dictionnaire topographique, statistique et historique du département de l'Eure,* Évreux, 1840. —Le Bec-Hellouin est aujourd'hui une commune du canton de Brionne et de l'arrondissement de Bernay. Il y avait autrefois une riche abbaye, fondée, en 1970, par Herlouin ou Hellouin, seigneur de Bonneville, qu'on prétendait fils de Crespin, dit Ansgotus.

*De semblables voyages tinrent évidemment longtemps hors de France le second fils du baron de Boury. On ignore l'époque précise à laquelle il revint; toutefois son épitaphe, dont le texte a été soigneusement conservé, paraît indiquer que ce fut au milieu des guerres religieuses de la fin du règne de Charles IX.*

*Déjà depuis l'âge de vingt ans le calvinisme ne le comptait plus comme adepte; en outre, un respect naturel le prédisposait à la défense des droits de la couronne; aussi les protestants le virent-ils immédiatement entrer dans les rangs de leurs adversaires.*

*« A son retour », porte la même épitaphe, Jean du Bec « se jette dans l'infanterie (royale), et, ayant un régiment, il prend Mesle, Marest et Fontenay [1]; la paix étant faite, il se retire près*

---

1. Fontenay-le-Comte. — « Le lundi 20 septembre 1574, la ville de Fontenay en Poitou, tenue par les huguenots, fut surprise en parlementant, où le forcement de plusieurs filles et femmes rendit cette ville misérable et désolée. » (Pierre de l'Estoile, *Mémoires-Journaux.*)— Louis de Bourbon, duc de Montpensier, commandait les troupes royales devant Fontenay. — « Tandis qu'on dressoit les articles de la capitulation, les catholiques se rendirent maîtres du fort de Guinefolle. De là s'étant écoulés insensiblement dans la place, ils s'en emparèrent. » (De Thou, *Histoire universelle*, t. V, p. 127.)—Jean du Bec fut probablement un des auteurs de ce hardi mais peu loyal coup de main; toutefois de Thou ne le dit pas.

*de Monsieur de Nantes, son oncle, où il fut quelques années. Pendant ce temps, la guerre commence contre les huguenots, et les va-t-on assiéger à Issoire* [1]*; à l'assaut, il eut un coup de mousquet au défaut de la cuirasse, dans le bas-ventre, dont il fut en grande langueur huit ou neuf ans. Avec ses douleurs, il se mit à étudier et fit vœu de se faire d'Église, et, en effet, il est fait prêtre..... Ce seigneur avoit sur son corps onze arquebusades, qu'il a mariées à autant de livres qu'il a composés. Il a toujours tenu le parti de son roi, quelques événements qui soient survenus à l'État, et n'y a épargné ni vie ni biens* [2]. »

*Tandis que Jean du Bec se rétablissait des suites de sa blessure, les dignités ecclésiastiques vinrent, pour ainsi dire, le solliciter. Georges de Boury, son frère aîné, était gentilhomme ordinaire de la chambre de Henri III; d'autre part, l'évêque de Nantes désirait vivement faire avancer dans l'Église un membre de sa famille. A l'instigation de ces deux hauts protecteurs, Henri III n'oublia point le vaillant soldat frappé à Issoire; il lui*

---

1. La ville d'Issoire, investie, le 20 mai 1577, par le duc de Guise, subit un assaut très meurtrier, où le duc perdit même plus de cinq cents hommes; elle ne se rendit toutefois que le 12 juin suivant.

2. Farin, *Histoire de la ville de Rouen...*, Rouen, 1738.

*donna, en 1578, l'abbaye de Mortemer, dans le diocèse de Rouen* [1].

*Située non loin du Bec-Hellouin, de Vardes, de Dangu et de Boury, seigneuries appartenant à la maison du Bec* [2], *cette abbaye convenait encore admirablement à la disposition d'esprit de son nouveau titulaire. La vallée sauvage et étroite où elle était placée formait une sorte de Thébaïde au milieu de la forêt de Lyons* [3]. *On l'appelait Mortemer* (Mortuum mare), *à cause de l'étang fangeux qui se voyait dans le fond. Les barons de Guillaume de Normandie y avaient, en 1054, surpris et massacré une partie de l'armée de Henri Ier, roi de France* [4]. *Au commencement du siècle suivant, trois ermites, Tascion, Guillaume de Fréquiennes et Guyard l'adoptèrent pour lieu*

---

1. *Gallia christiana*, t. XI, p. 312.

2. Actuellement Vardes dépend de la commune de Neuf-Marché, canton de Gournay-en-Bray (Seine inférieure); Dangu est une commune du canton de Gisors (Eure), et Boury de celui de Chaumont-en-Vexin (Oise).

3. Lyons, corruption de l'ancienne dénomination *li Homs* ou *li Hons*. La forêt de Lyons, située dans l'arrondissement des Andelys (Eure), est à 10 ou 11 kilomètres au nord de cette ville. Les ruines de l'abbaye de Mortemer font aujourd'hui partie du territoire de la commune de Lisors, canton de Lyons-la-Forêt.

4. Benoit, *Chronique des ducs de Normandie*, vers 35330-35456.

*de leur retraite. Ils vivaient là depuis un certain temps, quand, vers* 1134, *plusieurs des bénédictins établis à Beaumont*[1] *par Robert de Candos, ancien gouverneur de Gisors, prirent cette résidence en dégoût. Robert venait de mourir, et son fils semblait peu disposé à protéger le monastère; les bénédictins, craignant un avenir moins heureux, sollicitèrent de Henri Ier d'Angleterre la permission de se rendre à Limoges.*

*Le roi refusa et les invita à choisir dans ses États de Normandie quelque autre endroit dont il pût leur faire donation. Les religieux s'abouchèrent alors avec les ermites de Mortemer. Ceux-ci non seulement cédèrent sans difficulté les biens qu'ils possédaient, mais voulurent encore se joindre aux anciens moines de Beaumont. Henri d'Angleterre approuva la cession faite par les ermites. De son côté, l'archevêque de Rouen autorisa la formation de la communauté naissante; aussi bientôt s'éleva à Mortemer une nouvelle abbaye. Ses bâtiments, au dire d'Hersan, historien de la ville de Gisors, couvraient l'endroit même où avaient été enterrés les nombreux Français massacrés par les Normands*[2]. *Presque tous les bénédictins de Beaumont se rendirent à Morte-*

1. Beaumont est un hameau qui se trouve à l'ouest de Gisors, entre Provemont et Bernouville.

2. *Histoire de la Ville de Gisors*, de Lapierre, Gisors, 1858.

*mer sous la conduite d'Alexandre, leur abbé. La règle de saint Benoît n'y fut pas cependant longtemps suivie. Alexandre, ayant appris avec quelle sainteté vivaient les cisterciens d'Ourscamps, du diocèse de Noyon, sollicita pour lui et ses religieux la faveur de s'unir à eux. En 1137, Valeran de Baudemont, abbé d'Ourscamps, vint reconnaître l'abbaye de Mortemer comme fille de la sienne. L'année suivante Alexandre abdiqua, et un moine d'Ourscamps, Adam, fut son successeur.*

*Henri d'Angleterre avait généreusement doté le monastère de Mortemer ; Étienne et Henri II imitèrent cet exemple. Mathilde de Boulogne, femme du premier, commença l'église ; Henri II la continua, mais elle ne put être achevée que vers la fin du XII*[e] *siècle ; sa dédicace, qui eut lieu le 8 mars 1209, la plaça sous le vocable de la Vierge. Beaucoup de grandes familles de Normandie firent aussi d'importantes donations à l'abbaye ; les du Bec-Crépin notamment, longtemps propriétaires de Lisors, fief voisin de Mortemer, se signalèrent par leurs largesses. Mortemer était donc très riche, lorsque, dans le courant de l'année 1578, le fils cadet du baron de Boury en fut nommé le trente-quatrième abbé, selon la* GALLIA CHRISTIANA [1], *ou le trente-neuvième, d'a-*

---

1. T. XI, p. 312.

*près la* NEUSTRIA PIA [1]. *Ce bénéfice rapportait* 18,000 *livres de rente, ainsi que le constate le* Pouillé général de Rouen *dressé en* 1648 [2]. *Se constituant à son tour le bienfaiteur de l'antique abbaye, Jean du Bec y dépensa des sommes considérables en améliorations et en embellissements. De tant de splendeurs il ne reste plus aujourd'hui que des ruines pittoresques; mais autrefois les armes de la famille du Bec-Crépin apparaissaient sur tous les murs du monastère. Dans la chapelle située derrière le maître-autel de l'église on avait peint, d'un côté, trois gentilshommes de cette maison en habits guerriers, et, de l'autre, les mêmes personnages, l'un en archevêque, l'autre en évêque et le dernier en abbé* [3].

*Non content d'avoir vu donner à son neveu l'abbaye de Mortemer, l'évêque de Nantes désigna en* 1579, *le nouveau dignitaire ecclésiastique pour la place de doyen de son chapitre, qui était devenue vacante. Le* 14 *septembre de la même année, les chanoines de la cathédrale de Nantes déclarèrent s'incliner devant la décision épiscopale;*

---

1. *Neustria pia, seu de omnibus singulis abbatiis et prioratibus potius Normandiæ*, Rothomagi, apud Joannem Berthelin, 1663, p. 783.

2. Paris, Alliot.

3. Dom Duplessis, *Description géographique et historique de la haute Normandie*, Paris, 1740.

*malheureusement la vacance du décanat avait eu lieu pendant les mois réservés au pape, et la cour de Rome nomma doyen du chapitre Tristan Guillermier au lieu du candidat de l'évêque* [1]. *Un tel échec froissa probablement Philippe du Bec, car le* 3 *mars* 1582, *il obtint de Henri III l'autorisation de résigner son évêché en faveur de l'abbé de Mortemer. Ce projet ne fut pas cependant mis à exécution* [2]. *Jean du Bec, du reste, se livrait alors avec la plus grande ardeur aux études théologiques; peu après, en effet, parurent de lui des* Méditations affectueuses [3], *bientôt suivies* de Neuf sermons sur l'excellence de l'Oraison dominicale [4], *dédiés à la reine Louise de Lorraine.*

---

1. *Gallia christiana*, t. XIV, p. 841.—En vertu des décrets du concile de Trente, quand un bénéfice de patronage ecclésiastique (cure, décanat, canonicat, etc.) devenait vacant pendant les mois de janvier, février, avril, mai, juillet, août, octobre et novembre, le pape avait le droit de nommer le nouveau titulaire. Si la vacance se produisait au contraire en mars, juin, septembre ou décembre, le patron ecclésiastique reprenait son droit de patronage et donnait le bénéfice à qui il le jugeait convenable, sans que le pape pût s'y opposer.

2. Le P. Anselme, *Histoire généalogique...*, t. II, p. 86.

3. Paris, 1585. Voir *Neustria pia*, p. 783.

4. Paris, 1586, Guillaume Bichon, in-8°. Voir *Bibliotheca scriptorum ordinis cisterciensis*, Coloniæ Agrippinæ (Cologne), anno 1656, p. 175.

*Les travaux nécessités par de semblables publications n'empêchaient pas toutefois l'abbé de Mortemer de prendre le plaisir de la chasse ; certain passage du chapitre IV de l'*ANTAGONIE DU CHIEN ET DU LIÈVRE *prouve même qu'il assista à plusieurs des laisser-courre donnés en* 1585 *et* 1586 *par Henri d'Angoulême, grand prieur de France, dans son gouvernement de Provence.*

*Le grand prieur, quoique veneur des plus expérimentés, avait rarement l'occasion d'entendre sonner un hallali; la lavande, le thym et le romarin, plantes à odeurs très fortes, trop communes en Provence, empêchaient bien souvent sa meute de suivre les voies de la bête de chasse. Il n'en était pas de même aux environs de Mortemer. Là, le supérieur du pieux monastère pouvait à loisir approfondir ses connaissances cynégétiques. L'*ANTAGONIE DU CHIEN ET DU LIÈVRE, *imprimée dans le courant de l'année* 1593, *en est le fidèle exposé. L'auteur la dédia à la noblesse; puis, pour assurer davantage le succès de son œuvre, il la mit sous le patronage de François d'Orléans, comte de Saint-Pol, un des personnages les plus considérables de l'époque. Travailleur infatigable, Jean du Bec préparait presque en même temps l'*HISTOIRE DU GRAND TAMERLAN TIRÉE DES MONUNENTS ANTIQUES DES ARABES [1].

1. L'édition (petit in-8°) de cet ouvrage donnée, à Lyon,

*Tandis que l'abbé de Mortemer s'occupait ainsi de chasse et d'études historiques, Philippe du Bec était transféré à l'archevêché de Reims, le 25 juillet 1594*[1]*; le prélat, fort en faveur auprès de Henri IV, sollicita alors une seconde fois l'évêché de Nantes pour son neveu. Le roi ne nomma néanmoins celui-ci qu'en 1596*[2]*, après la prise de possession du siège de saint Remi par le nouvel archevêque. Vers la même époque et pour se préparer à la dignité épiscopale, Jean du Bec écrivit un* Discours sur l'unité de l'indivisible très-sainte Trinité[3].

*La ville de Nantes ne semblait pas cependant*

---

par Léonard Fiscelle, en 1602, est la plus ancienne que l'on connaisse; cependant elle ne saurait être considérée comme la première. En effet, son frontispice indique qu'elle est corrigée; en outre, l'avertissement de l'auteur se trouve daté de 1594. Brunet, du reste, dans son *Manuel du Libraire,* article *du Bec,* dit qu'on cite une édition antérieure in-8°, publiée à Rouen en 1597. Le même auteur rapporte encore, d'après Lowndes, qu'une traduction anglaise par H. M. de l'œuvre de Jean du Bec, in-4° de 265 pages, fut imprimée à Londres aussi en 1597. Une nouvelle édition in-12, avec le titre d'*Histoire du grand Tamerlanes,* parut à Paris dans le courant de l'année 1607.

1. *Gallia christiana*, t. XIV, p. 834.

2. *Ibid.*, p. 835.

3. Paris 1596, in-12 de 10 feuilles. Voir *Bibliotheca sacri ordinis cisteriencis*, p. 175.

*devoir beaucoup porter bonheur à M. de Mortemer : dix-sept ans auparavant il s'était vu refuser par le pape le décanat du chapitre ; cette fois, les ligueurs, qui, pendant les troubles du règne précédent, avaient chassé du diocèse Philippe du Bec, comme trop attaché à la cause royale, ne reconnurent point la nomination de son successeur ; malgré des instances réitérées, les chanoines s'opposèrent à l'entrée solennelle de Jean du Bec dans la cathédrale. Durant ces contestations, l'église de Nantes était administrée, au nom du chapitre, par René de Cucé, évêque de Saint-Malo, un des fervents adhérents de la Ligue, que ses diocésains, très dévoués au roi, avaient aussi expulsé. René de Cucé, préférait, comme plus agréable et plus sûr, le séjour de Nantes à la résidence de Saint-Malo ; en conséquence, les habitants de cette dernière ville ne voulant point le voir rentrer parmi eux et les Nantais refusant d'accepter Jean du Bec, les deux prélats, après l'apaisement des dissensions civiles, échangèrent leurs sièges le 30* octobre 1596[1]. *La cour de Rome n'avait pas du reste accordé de bulles à l'abbé de Mortemer pour l'évêché de Nantes. Celles concernant l'évêché de Saint-Malo se firent singulièrement attendre ; car Jean du Bec prêta seulement serment au roi le* 11

1. *Gallia christiana*, t. XIV, p. 1013.

*mai 1598*[1], *et fut sacré à Paris, le 15 mars 1599, en la chapelle de la reine, par le cardinal de Gondi*[2]. *Quelques jours après, le 4 avril suivant, il entra solennellement dans sa ville épiscopale*[3]. *Plus tard, Henri IV, qui l'estimait beaucoup, lui conféra le titre de conseiller en ses conseils d'État et privé*[4], *ainsi que celui de gentilhomme ordinaire de sa chambre.*

*Les historiens ecclésiastiques donnent peu de détails sur le laps de temps pendant lequel Jean du Bec occupa le siège de Saint-Malo. D'après la* GALLIA CHRISTIANA[5], *ce prélat consacra plusieurs autels, le 5 mai 1607, assita à l'assemblée des États de Bretagne de 1608, et mourut le 20 janvier 1610*[6], *ordonnant, par son testament du 16 du même mois, que son corps fût transporté à Mortemer. Un tel désir s'expliquait facilement :*

---

1. *Gallia christiana*, t. XIV, p. 1014.

2. *Journal du secrétaire de Philippe du Bec* ès-années 1588-1605. Cet ouvrage a été publié, à la suite du *Journal d'un curé ligueur de Paris sous les trois derniers Valois*, par M. E. de Barthélemy, à Paris, chez Didier et Cie, en 1865.

3. *Gallia christiana*, t, XIV, p. 1014.

4. Mis de La Rochefoucauld-Liancourt, *Histoire de l'arrondissement des Andelys*. Les Andelys, 1833.

5. T. XIV, p. 014.

6. L'épitaphe de Jean du Bec, dont une partie a été

*Jean du Bec était resté près de trente-trois ans abbé de Mortemer. Résidant souvent au milieu des religieux, il dépensait à leur profit les revenus du riche bénéfice. En* 1594, *son influence à la*

---

citée plus haut, portait qu'il était mort le 25 janvier 1610. — Les Archives départementales d'Ille-et-Vilaine possèdent sur Jean du Bec et son épiscopat les pièces suivantes :

1577. *Absolution donnée à M. Jean du Bec par Philippe du Bec, son oncle, évêque de Nantes.*

1599. *Consécration de Mgneur Jean du Bec par Henry de Gondy, archevêque de Paris.*

1599. *Lettre de Henri IV confirmant à Jean du Bec les privilèges de Saint-Malo.*

1600. *Récépissé en cour de Rome des lettres d'acceptation de l'évêché de Saint-Malo.*

1600. *Arrêt définitif sur la requête civile de Messieurs du chapitre et intervention de l'évêque pour les consuls de Saint-Malo.*

1602. *Ordonnance du Parlement touchant la cueillette des dîmes de l'évêché.*

1603. *Permission à Mgneur Jean du Bec d'aliéner les biens les moins commodes de son évêché.*

1603. *Procès-verbal des biens aliénés.*

1603. *Afféagement entre l'évêque et le sénéchal de Saint-Malo.*

1603. *Acquêt par M. Pépin, Sr du Pré, du jardin derrière les écuries du manoir.*

1605. *Acquêt par le Chapitre avec la veuve d'Étienne*

cour avait valu à l'abbaye de larges indemnités pour certaines pertes subies lors des troubles de la Ligue [1] ; il se savait donc aimé à Mortemer. Puis c'était là que reposaient les anciens seigneurs de Lisors, ses ancêtres, et que se trouvait le cœur de Georges de Boury, son frère aîné, mort en 1580 [2]. Non moins laconique que la GALLIA CHRISTIANA, la NEUSTRIA PIA [3] signale seulement Jean du Bec comme un évêque de grande piété et cultivant les belles-lettres avec amour. Cet éloge suffirait pour faire honorer la mémoire du haut dignitaire ec-

---

*Salmon, pour transférer les fours banaux à Saint-Aaron.*

1606. *Acquêt par Josselin Frotet, Sr de La Landelle, du jardin de Jean Thomas, où fut depuis bâtie l'église des Bénédictins.*

1606. *Arrêt de la Cour contre les chanoines touchant les droits d'étalage en la halle aux toiles.*

1608. *Accord entre Mgneur Jean du Bec et Messire Julien Chartier, archidiacre de Porhoët.*

1610. *Testament original de Mgneur Jean du Bec, portant fondation de deux messes par semaine en la chapelle de Saint-Malo de Beignon, construite par ses soins.*

1. Charpillon, *Dictionnaire historique de toutes les communes du département de l'Eure*, Les Andelys, Delcroix, 1876.

2. Farin, *Histoire de la ville de Rouen...*

3. Pag. 783.

*clésiastique qui en fut l'objet. Les religieux de Mortemer voulurent que l'art la consacrât. Ils élevaient de véritables monuments d'architecture sur la tombe de leurs abbés; celui de l'évêque de Saint-Malo, placé dans le chœur de l'église, dépassa en richesse d'ornementation et en grandeur ceux de ses prédécesseurs. Au pied on lisait :*

Siste parum, longis veniens peregrinus ab oris,
Aut qui sub gelido vis habitare polo.
Siste, inquam : grave nec tibi sit; si Martia quærens,
Hic Mars; si literas, hic decus omne toga.

*L'épitaphe dont nous avons donné une partie était apposée au-dessus du tombeau, contre un des piliers du chœur. Très élogieuse, elle rappelait, comme on l'a vu, que Jean du Bec portait sur son corps les cicatrices « de onze arquebusades qu'il a mariées à autant de livres qu'il a composés ».*

*Ces œuvres, sauf l'*ANTAGONIE DU CHIEN ET DU LIÈVRE*, semblent pour la plupart aujourd'hui perdues. Celles citées plus haut sont même seulement connues par leurs titres; néanmoins plusieurs d'entre elles méritèrent à l'abbé de Mortemer une certaine réputation comme théologien. Charles de Visch, dans sa* BIBLIOTHECA SCRIPTORUM SACRI ORDINIS CISTERCIENSIS [1], *dit notam-*

1. Pag. 175.

*ment du* DISCOURS SUR L'UNITÉ DE L'INDIVISIBLE TRÈS-SAINTE TRINITÉ, *que c'est un petit traité savant et d'une grande finesse de dialectique.*

*La* BIBLIOTHÈQUE HISTORIQUE ET CRITIQUE DES AUTEURS QUI ONT TRAITÉ DE LA CHASSE, *mise par les frères Lallemant en tête de l'*ÉCOLE DE LA CHASSE AUX CHIENS COURANS *de Le Verrier de la Conterie*[1], *ne fait nulle mention de l'*ANTAGONIE DU CHIEN ET DU LIÈVRE. *Cette omission surprend quelque peu; en effet, les frères Lallemant prétendirent écrire une bibliographie cynégétique des plus complètes, et le livre de Jean du Bec avait eu les éditions suivantes, qu'ils devaient vraisemblablement connaître :*

DISCOURS DE L'ANTAGONIE DU CHIEN ET DU LIEVRE, RUSES ET PROPRIETEZ D'ICEUX, L'UN A BIEN ASSAILLIR, L'AUTRE A SE BIEN DEFFENDRE, *composé par messire Jehan du Bec, abbé de Mortemer,* 1593 (*petit in-8° de* 16 *pages, sans nom de lieu ni d'éditeur*).

*Le même, Rouen,* 1597 (*in-8°*).

— *Bruxelles,* 1602 (*in-8°*).

— *Paris,* 1607 (*in-12*).

— — *Guillemot,* 1612 (*petit in-12*)[2].

---

1. Édition, Rouen, 1763.

2. D'après Lowndes, une traduction en anglais par H. M. de l'*Antagonie du Chien et du Lièvre* aurait aussi été publiée à Londres en 1597, in-4°.

*De si nombreuses éditions, dont la dernière même parut après la mort de l'abbé de Mortemer, attestent le succès de celui-ci comme auteur cynégétique auprès de ses contemporains. Il pouvait difficilement en être autrement : tant de gens s'occupaient alors de chasse; puis le sujet choisi par Jean du Bec, quoique restreint, intéressait tous les veneurs.*

*Avec quelques chiens courants le moindre gentilhomme des XVIe et XVIIe siècles courait le lièvre; quant au grand seigneur, pour peu qu'il fût désireux d'avoir une bonne meute, soigneusement il commençait par lui faire goûter la voie de cet animal, avant de la mettre sur celle du cerf.*

*Jean du Bec connaissait à fond la matière qu'il traitait. Les mœurs, les habitudes et les ruses du lièvre, les qualités ainsi que les défauts des différentes races de chiens avaient été de sa part l'objet d'études sérieuses; cependant, à côté de préceptes très sages, l'*ANTAGONIE DU CHIEN ET DU LIÈVRE *renferme des théories bizarres ne supportant pas aujourd'hui l'examen. Voici du reste comment un des hommes les plus compétents en matière de vénerie jugeait récemment Jean du Bec et son livre : « Ce prélat, disait Joseph La Vallée* [1]*, était grand chasseur, et*

1. *La Chasse à courre en France*, Paris, Hachette, 1859, introduction, p. XLII.

*son ouvrage, fruit d'une longue expérience, contient sur le chien et sur le lièvre de judicieuses observations : malheureusement, le bien est noyé au milieu d'une foule de rêveries sur l'influence des couleurs et de la robe des chiens. Ces idées, qui de nos jours sont tout à fait ridicules, pouvaient recevoir quelque créance au commencement du XVII*[e] *siècle; mais, comme le progrès des lumières n'a pas tardé à les faire apprécier à leur juste valeur, elles ont fait oublier ce qu'il y avait de bon dans l'ouvrage.* »

*A l'époque où vivait Jean du Bec la doctrine de l'*Humorisme, *professée par Galien, était encore la base de la médecine. Trop imbu de cette doctrine, l'auteur de l'*ANTAGONIE DU CHIEN ET DU LIÈVRE *laissa son imagination en tirer des conséquences qu'elle ne comportait même pas; de là un système absolument fantaisiste sur le tempérament, l'instinct et les aptitudes des diverses espèces de chiens courants. Il faut encore ajouter que le style de l'abbé de Mortemer n'est pas toujours irréprochable au point de vue de la clarté; souvent de nombreuses incidences, enchevêtrées les unes aux autres, empêchent de saisir immédiatement le sens de la proposition principale et nécessitent de la part du lecteur une véritable étude.*

*Malgré de semblables défauts, l'*ANTAGONIE DU CHIEN ET DU LIÈVRE *offre des chapitres intéres-*

*sants, les derniers principalement; en outre, les modernes disciples de saint Hubert ne sauraient négliger « les judicieuses observations » qui s'y trouvent consignées. Depuis longtemps déjà ce fascicule était devenu excessivement rare; quelques exemplaires demeuraient relégués sur les rayons écartés de certaines bibliothèques publiques, lorsqu'en 1850, M. Auguste Veinant le fit réimprimer, à Paris, chez Crapelet (petit in-8° de trois feuilles).*

*La nouvelle édition, tirée à soixante-deux numéros, dont deux sur vélin, fut rapidement épuisée; M. Jouaust a donc cru devoir mettre l'*ANTAGONIE DU CHIEN ET DU LIÈVRE *parmi les ouvrages que comprendra le* CABINET DE VÉNERIE. *Le texte reproduit est celui de 1593, le plus ancien que l'on connaisse. Revu avec très grand soin par M. Paul Lacroix sur l'exemplaire de la Bibliothèque de l'Arsenal, il a seulement subi, quant à l'orthographe et à la ponctuation, de légères modifications nécessaires pour épargner au lecteur un travail fatigant. Veneurs et bibliophiles pourront ainsi plus facilement apprécier l'œuvre trop oubliée, mais non sans mérite, de l'abbé de Mortemer.*

*En terminant cette notice, nous adressons nos bien vifs remercîments à M. Horeau, conseiller honoraire à la Cour de Rouen, qui a bien voulu nous donner de si précieux renseignements sur Jean du Bec et son abbaye.*

ERNEST JULLIEN,

Vice-Président du tribunal civil de Reims.

Saint-Thierry, 1er juin 1880.

# DISCOVRS

## DE L'ANTAGONIE DV CHIEN ET DV LIEVRE,

ruses et proprietez d'iceux, l'vn à bien assaillir, l'autre à se bien deffendre,

*Composé par Messire Jehan du Bec, Abbé de Mortemer.*

A la Noblesse Françoyse.

M. D. XCIII.

A TRES-HAUT ET TRES-ILLUSTRE PRINCE

MONSEIGNEUR FRANÇOIS D'ORLEANS

CONTE DE S. POL.

---

Monseigneur,

Vous *trouverez estrange ce discours que je vous presente, et où de moy vous avez veu d'autrefois des discours de theologie, maintenant vous me voyez un chasseur qui vous parle du Chien et du Liévre. C'est chose bien seante, Monseigneur, de vous dedier ce discours : car nos Roys, dont vous estes yssu, qui sont l'exemple de leurs sujets, lors qu'ils ont mis leur peuple en paix, et fait alliance et confederation avec leurs voisins, ont aymé cest exercice, et l'ont permis à leur Noblesse, pour recognoistre que c'est une autre guerre que la Chasse : cela faisoyent-ils, afin que les corps ne s'amollissent en l'oysiveté, et afin de les continuer au travail, que le plaisir en cest exercice fait sembler doux. Mais à moy (Monseigneur) de vous en parler, et de mes estudes serieuses, que souvent j'ay dediées au feu Roy d'heureuse memoire (que Dieu absolve), cela pourra sembler estrange à quelques-uns ; mais si est-ce que, lorsque je considere la personne de Xenophon, l'un des plus sages et illustres personnages de son temps, lequel après avoir instruit son Cyrus, ce grand monarque, tant en la cognoissance de Dieu qu'en l'institution des bonnes mœurs, qu'au maniement de la chose publique, incontinent il tourne la chance, et traicte de la Chasse et des Chevaux, et enseigne la façon qu'en son temps on prenoit cest exercice, je reviens en moy-mesme, ne rougis point si fort, et doucement je commence à reprendre mon premier naturel, et viens à penser que*

*Dieu, autheur de la nature, n'a point mis en ces deux animaux dequoy je vous traicte, en l'un tant de sagesse à la poursuite, et en l'autre à la fuite, qu'il n'eut voulu que l'homme en fut fait sçavant, lequel regarde toute ceste diversité du haut de la tour de la raison qui est bastie en luy, par laquelle il excelle en hauteur ce tout, comme à luy appartenant les proprietez que nature a mis en chasque chose, et principallement en chasque animal. Par ainsi il n'en doit pas estre ignorant, et ceux-là par ceste raison ne peuvent estre blasmables, qui les exposeront devant les yeux des Roys, et des Grands de la terre, et des Nobles d'entre leurs peuples, pour les convier à chose si honneste, si louable et si bien seante à un chacun : car si faut-il recognoistre l'homme qui ne peut pas avoir tousjours son esprit tendu comme il devroit à la contemplation et aux recherches du Ciel, ou bien au maniement des affaires de la chose publique; quelquefois ne faut-il pas destourner les yeux en bas; vous les eslevez après avec plus d'allegresse en haut : quand on regarde tant le soleil, la foiblesse de nos yeux est offusquée ; ne sommes-nous pas quelquefois contraints de quiter le regard de ceste belle lumiere, quelque plaisante qu'elle soit à nos yeux, aussi quelque doucœur que la contemplation de ceste immense divinité nous fournisse en son infinité ; si faut-il nous rabaisser par intervalle, pour après voller plus haut et nous eslever à nostre souverain bien. Les esprits des hommes sont de ceste façon, et nature les a ainsi composez : le Createur, qui cognoist ceste composition, a creé pour l'homme ces honnestes divertissemens, n'ayant le Souverain pour neant doüé ces animaux de tant d'art, si ce n'estoit pour le plaisir de l'homme. Seray-je doncques reprins quand j'en discoureray, et si la praticque m'y a fait remarquer quelques choses de propre à leur nature que les autres n'ont point fait? C'est, Monseigneur, ce que je vous dedie, m'asseurant qu'il sera en seurté soubs l'aisle favorable d'un si grand Prince que vous estes, dont la bonté supportera mon erreur compensée par le tres-humble service que je vous ay voüé, et, si ce Mars, cruel par ce temps où cest Estat est reduit, enflamme vostre courage et possede vostre esprit, pour le moins j'espere que, attendant que Dieu ait appaisé son juste courroux sur les François, que ce livre jouyra de vostre cabinet, en esperance qu'une douce paix le rendra vostre favorit, et jouyssant quelquefois de vostre bel esprit. Et en ceste intention je supplie nostre Seigneur que vous doint, Monseigneur, en santé tres-heureuse et tres-longue vie.*

*De Mortemer, ce vingt-deuxieme d'avril mil cinq cens quatre vingts treize.*

*Vostre bien humble et tres-obeissant serviteur,*

JEHAN DU BEC.

# DISCOURS

DE

# L'ANTAGONIE DU CHIEN ET DU LIÉVRE

---

## CHAPITRE I

Or voicy, Monseigneur, ce duel que je veux traicter. Ainsi doncques premierement je viendray à l'agresseur et à sonnaturel; le deffenseur vous fera assez recognoistre le sien en se deffendant : ainsi tout chien generallement est de nature chaude et seiche, et principallement, entre toutes les especes de chiens, celuy que nous appellons chien courant (le mot ancien françois pendant les Latins *Molossos*, les Grecs les appellent MOLOTIDES CUNES), qui est celuy duquel nous voulons traicter, laissans les autres especes de chiens, tant sauvages que domesticques, qui sont assez divers entr'eux pour meriter un particulier discours. Mon but est de traicter du chien courant particulierement; des autres, plusieurs en ont assez escrit de ce qu'ils sçavent taire. Doncques le chien courant, plus que tout autre chien, est chaud et sec, d'humeur ignée, colerique : aussi est-il plus sujet à la rage que toute autre espece de chiens, principallement lors que la canicule regne ; aussi pour ceste raison a-il le sentiment meilleur que tout autre animal : ce que l'homme ayant recogneu, il le l'a trouvé, par le discours de raison, capable de forcer le liévre, non par sa promptitude et vistesse dont il n'est pas tant accompagné, comme les autres chiens, mais bien par l'excellence de son sentiment le prendre. Or le liévre, que ce chien chasse naturellement, est de contraire temperamment, et est froid et sec, d'humeur melancolique, et terrestre entre tous les animaux : par ainsi, ayant moins de sentiment, et partant plus difficille à chasser au chien qui le court par les voyes, ainsi l'excellence de ce chien sera plus admirable. Or la cause naturelle de ceste guerre si cruelle entre ces deux animaux, c'est la contrarieté d'humeurs, dequoy ils sont l'un froid et l'autre chaud; ce qui fait que le chien a plus de peine à le chasser : la raison est que tant plus les choses sont froides et seiches, moins elles sont odorantes, ce qui rend le chien courant plus excellent et ceste chasse icy plus subtille, ainsi plus digne de l'esprit de l'homme, qui naturellement s'applique aux choses plus difficilles.

## CHAPITRE II

Le chien doncques entre tous les animaux est plus de nature chaude et seiche, et est pourquoy il excelle en l'odorat les autres animaux : ce que nous voyons manquer plus en l'homme pour avoir le cerveau froid et humide, et pour ce il a l'odorat moins excellent que les autres creatures. Aussi faut-il une grande subtillité et delicatesse du sens de l'odorat au chien, de desmesler les voyes de ce petit animal melancolique, froid et sec ; et ay observé d'autrefois que, pour aucuns liévres surabonder en ceste humeur, estre tellement sans sentiment que les chiens ne les pouvoyent courre qu'à veuë, et le mesme jour en retrouver un autre, le voir prendre sans aucun deffaut. Or il faut sçavoir qu'ainsi que tout animal degeneré en sa fin en l'humeur melancolicque, que les liévres, qui naturellement abondent en ceste humeur, doyvent, lors de leur vieillesse, en abonder à bon escient, et tellement qu'ils perdent le sentiment; et ainsi les chiens n'en peuvent tenir les voyes. Or les chasseurs, qui n'entrent point à la consideration de la nature, disent que ce sont femelles, qu'ils sont imprenables pour leurs grandes ruses; mais ceste raison n'est point, ce me semble, vallable, car encor les chiens les chasseroyent-ils quelque temps; mais ces liévres icy, si tost que les chiens les ont perdus de veuë, ils tombent en deffaut, qui ne se releve point, quelque ayde que vous puissiez leur faire.

# CHAPITRE III

Les chasseurs doivent sçavoir qu'il y a certains vents, lesquels quand ils soufflent, les chiens chassent mollement, comme du vent du midy appellé Eurus par les Latins, aussi de celuy qui luy est opposite que l'on appelle vulgairement vent de mer, autrement par les Latins dit Circius. Or pourquoy les chiens n'en chassent point comme des autres, la raison en est claire à la nature : car, le vent de midy estant chaud et humide, il dilate trop le sentiment, et mesme le corrompt; car, l'humidité rendant la vapeur esparse, le chaud à l'instant fait corruption des voyes, tellement que le chien par son odorat ne les peut apprehender, pour n'estre point les voyes recueillies ensemble, et desja interrompuës par la mutation, que fait d'instant en autre la chaleur, et l'humidité en l'air où ce vent souffle qui a ces qualitez, qui sont la cause de generation et de corruption en la nature de cest univers; les autres donnent d'autres raisons, mais grossieres : disans que ce vent de midy fait sortir une vapeur de la terre, qui entre dans le nez des chiens, et l'empesche de recueillir les voyes, baillent, pour preuve de leur dire, que cela se recognoist au degel, lequel vient ordinairement par ce vent-là, que les chiens ne chassent point lorsqu'il commence, et si la grolle n'est rompuë au fonds de la terre. Mais ils s'abusent, car la cause pourquoy les chiens ne chassent bien, c'est que, la terre estant molle, et le liévre ayant le pied pelu, il emporte quand et soy la terre par où il passe, et se botte de façon que les chiens ne peuvent que difficilement chasser, ce qu'il me semble le plus vraysemblable. Quand pour le vent de mer opposite à celuy de midy, durant lequel aussi les chiens chassent mal, en tant qu'il est froid et humide, les liévres ne le peuvent endurer contre le nez; tellement que, s'en allant avec le vent, les voyes en sont incontinent surallées, et, comme j'ay dit, l'humide dilatant le sentiment du liévre à l'odorat du chien, le froid, d'autre costé, contraire à la conservation de l'odeur, refroidit tellement les voyes que, s'ils ne sont bien à la chair, ils ne chasseront point, et semble que l'on les pousse par le cul, quand le liévre va en contrevent, ils en chassent aucunement; mais, si tost qu'ils s'en revont, ils ont le nez cassé. Il faut que le chasseur soit avisé, lorsque tel vent regne, que lorsque il arrivera un deffaut, qu'il face ses devans premierement du costé du vent, car les liévres s'en vont le cul au vent ordinairement; de ce vent de mer pour sa froideur : il semble au chasseur que son liévre demeure, tant ses chiens demeurent court, tellement que ses meilleurs chiens bien souvent le suralleront. J'ay veu cecy par experience beaucoup de fois, principallement comme ce vient l'hyver, où la chasse du chien courant est beaucoup plus difficille, pour estre les jours courts, les matins et les soirs froids, n'y ayant que trois ou quatre heures de bon chasser; encor en une sepmaine ne pouvez-vous avoir qu'un beau jour. C'est au temps qu'il faut que les chiens soient aidés par le chasseur. Je conseilleray aux maistres chasseurs, lors que le vent de midy et celuy de mer soufflent, d'y envoyer leurs vallets de chiens : car vos chiens en chasseroient mieux, lors que les vents septentrionaux, vents françois, vents orientaux, soufflent: car ces vents icy participent du sec, lequel concrete les voyes, tellement que les chiens les trouvent avec plus de corps, ainsi plus aisées à emporter aux chiens.

## CHAPITRE IV

La vraye heure de la chasse du chien courant, c'est depuis dix heures jusques à trois heures; en quelque saison que ce soit, le naturel de ce chien veut chasser sur le haut du jour; lors qu'il y est accoustumé, ils y chassent bien. Il est vray que, si vous les menez le matin, et vos chiens après viennent à sentir le soleil sur le dos, ils ne chasseront plus, et trouvent les voyes plus difficilles pour la chaleur, et pour la poussiere qui leur entre dans le nez, lequel ils ont mouillé de la rousée du matin : aussi qu'ils ont desja trouvé les voyes meilleures, et la terre plus fresche. Les chiens ont de l'avantage à la chaleur du jour, encor que les chemins par où donne un liévre soient pleins de poussieres, si est-ce que le liévre en est plus incommodé que le chien : car, ayant le pied pellu, comme il passe par les terres labourées, et par les chemins, il s'estouffe, car il baleye par où il passe, et fait voller beaucoup plus de poussiere que ne fait le chien; aussi que le liévre pour sa secheresse ne peut resister au chaud longtemps : un liévre bien chassé ne durera qu'une heure. L'automne est la saison qu'il y ait point où les chiens chassent le mieux : la cause je l'ay desiré sçavoir des chasseurs, mais ils n'en donnent point de raisons; ils disent seulement que la terre se rafraischit à cause des matinées qui sont froides; mais je trouve que la raison est plus apparente, c'est que les herbes reçoivent mieux les voyes et les conservent davantage, pour avoir perdu leurs senteurs et estre mieux susceptibles de tout sentiment externe : car, au printemps, où les herbes sont de soy odoriferantes par leurs fleurs, et les arbres et arbustes par leurs seves, qui doutera que les voyes du liévre ne soient estouffées ? J'ay veu par experience en Provence, où feu Monseigneur le grand Prieur de France avoit fait venir une meulte de fort excellens chiens de France, mais ils n'y pouvoient chasser, pour les senteurs de lavende, de thim, de romarin, dont le pays est tout couvert, et principallement lors que les herbes estoient en fleur. Il s'esprouve aussi lors que les vignes sont en fleur, tellement que cela est fort facille à juger, et n'y a entendement, quelque grossier qu'il soit, qu'il n'esprouve une grande senteur corrompre et alterer une moindre ; ainsi telles odeurs empescheront facillement au chien la cognoissance des voyes d'un liévre, qui sont si delicates. Je trouve aussi que, lors que les campagnes sont couvertes de bleds, et qu'ils sont en fleur, que les chiens ne chassent point plaisamment, et ne se rassemblent point bien, comme ils font dans les bois, où ils coulent plus aisement que dans les bleds : aussi fait-il meilleur ouyr la menée des chiens dans les taillis que en aucun autre lieu; je croy que c'est l'echo qui raisonne davantage qu'aux plaines, ou bien c'est qu'un liévre touchant les fueilles, chasque chien a cognoissance des voyes, comme le premier.

# CHAPITRE V

Il faut aussi sçavoir qu'il y a certaines terres où les chiens chassent mieux aux unes qu'aux autres; comme aux terres sablonneuses, les chiens y chassent en esté avec difficulté, pour estre le sable si desseiché, lors des chaleurs, par l'ardeur du soleil, qu'il n'est susceptible d'aucune senteur, tellement que les chiens chassent peu plaisamment, et faut avoir de la peine à les faire chasser. Aux pays pierreux c'est tout de mesme, pour la secheresse de l'esté : car en yver les chiens chassent fort bien sur les sables, pour les rendre fermes par les pluyes, et non comme les autres terres se destremper; aussi qu'on remarque qu'en yver ils ne gelent si fort que les autres terres, pour s'y conserver l'humidité davantage, et non s'endurcir comme font les autres à la gelée. Le plaisir du chien courant, il est principalement en la menée, ce me semble, qui me fait desirer de faire chasser les chiens dedans les forests plustost que dans les plaines. Il est bien vray qu'aux campagnes vous voyez leurs vistesses, et jugez si chassent bien ensemble, qui est une des grandes perfections du chien courant, et la principalle chose où le chasseur doit regarder, et avoir l'œil qu'ils ne s'escartent de la meute, soit à la queste, soit comme ils courent, et là cognoistre la force de chacun de vos chiens, car ceux qui trainent, il les faut oster, et les faut avoir tous d'une force, s'il est possible : car tels ils ont bien de l'avantage. Quatorze ou quinze chiens estans d'une mesme force, s'il vient un defaut et qu'un liévre face une ruse, il n'est pas possible que l'un de ces chiens qui sont ensemble ne releve le defaut, ou qu'il ne le trouve passé, tellement qu'un liévre ne sçait où se mettre ; aussi que la menée de dix chiens qui courent ensemble est plus belle que de vingt qui sont escartez çà et là, allant les uns après les autres. Je tiens deux choses pour la perfection d'une meute : l'une, que chassent bien ensemble, et qu'ils soient tous d'une force, et l'autre, qu'ils soient bien à commandement, et qu'ils ne soient point opiniastres lors que vous les appellerez à vous, ou pour faire vos devans, ou bien pour les redresser ; et principallement je louë grandement le chasseur qui tient ses chiens à luy plus par la parolle que par la trompe : à la chasse du liévre, toutes ces sonneries ne servent pas de beaucoup. Je voudrois, pour moy, chasser un liévre, sans crialler ainsi mes chiens, et les laisser chasser sans huailler, comme font aucuns : car, ainsi criants, les chiens mettent le nez au haut tousjours et ne s'amusent point à chasser, et souvent vous les eschauffez trop, tellement qu'ils s'emportent. Le chasseur a ses chiens comme il prend la peine de les dresser, estant le chien animal docile, qui se chastie et s'apprend facillement. Le chien à commandement est grandement loüable en toutes sortes de chasses, mais principallement à celle du liévre, où il va et vient tant sur luy, et où il y a tant de ruses à desmeller.

## CHAPITRE VI

De tous poils se trouvent de bons chiens ; si faut-il confesser qu'il y en a de certains poils qui sont plus recommandables, en aucunes saisons principallement. Je voudrois, pour moy, que ma meulte fust de tous poils, mais n'estre jamais sans que la meilleure partie fussent blancs, car tels chiens sont excellens, encor principallement sur le haut du jour : j'appelle chiens blancs, qui ont des tasches blanches et essavées, ne mettant en ce conte les chiens qui ont des tasches noires, car ils tiennent du naturel du chien noir. Plusieurs, qui ont discouru de la bonté des chiens, ont bien dit que les chiens blancs chassent bien au haut du jour, mais qu'ils me pardonnent : ils n'ont point dit pourquoy le poil blanc est remarquable particulierement entre tant de diversitez de couleurs de quoy nature a enrichi le poil des chiens : c'est pourquoy j'en diray briefvement ce qu'il m'en semble. Or il faut remarquer que toutes les choses de la nature qui ont corps estre composées de quatre elemens : du feu, la nature duquel est chaude et seiche; de la terre, qui est froide et seiche; de l'eau, froide et humide; de l'air, chaud et humide. En chasque corps des animaux ces quatre se retrouvent : au feu la colere chaude et seiche, en l'eau la pituité froide et humide, en l'air le sang chaud et humide, la terre en la melancolie froide et seiche. Ces quatre elemens produisent ces humeurs lesquelles font la composition de nos corps, desquels les uns abondent en la colere, les autres en la pituité, les autres en la melancolie, les autres au sang. Or ces quatre humeurs sont signifiées par leurs mouvemens, ou bien par leurs couleurs, qui nous donnent cognoissance du temperament de ces quatre humeurs en la composition de l'animal. Or chacun sçait que le feu par sa legereté a son mouvement en haut, et obtient le plus haut lieu en la circonference; la terre a le sien en bas, et par sa pesanteur tient le centre du monde; l'air tient le milieu entre les deux; l'eau a son lieu en bas avec la terre qui la soustient par sa solidité et la contient. Ces quatre humeurs que j'ay dites sont enfans de ces quatre elemens, et font pareils mouvemens et effets aux corps des animaux qu'ils composent : la colere, humeur ignée, se meult en hault; la melancolie, humeur terrestre, l'appelle en bas; l'humeur sanguine ærée l'esleve, mais mollement et lentement; la pituité, humeur aqueuse, entraine le corps pour le conjoindre à la terre. Or la cognoissance que l'homme peut avoir, par le discours de la raison, que les animaux participent plus ou moins de ces quatre elemens représentés par ces quatre humeurs, les couleurs en sont evident signal; le blanc, le noir, le rouge et le jaune, ce sont ces quatre couleurs qui representent ces quatre humeurs, que ces quatre elemens causent en la composition de l'animal, dont nature les ayant ornez, va demonstrant à l'homme leur naturel et temperament. Le rouge a-il pas la couleur du feu? Que represente la colere en tout corps où est cette geniture? est-ce pas tout feu? Ses mouvemens ne sont-ils pas prompts et legers? Ne sont-ils pas aussi violents et courageux? Le noir ne represente-il pas la terre, que l'humeur melancolique signifie? L'animal qui en est coulouré est-il pas pesant, songeart, endormy et rechigné? Le jaune represente l'air : aussi est-il perceptible de toute varieté; n'y considere-l'on pas le meslange des trois autres couleurs, dont il se compose en soy? Le feu, la terre, et l'eau le composent et luy donnent ceste diversité de couleur; autrement il n'est point visible à nostre œil. Telle varieté signifie le sang, en l'animal qui est tant divers, tantost rouge, tantost jaune, tantost noir, tantost vert, tantost blanc, selon que les autres humeurs le composent et l'alterent par leur chaud ou par leur froid; et, si l'animal en abonde, sa temperature sera douce et moderée, allegre et joyeuse. Le blanc a-il pas la couleur de l'eau? La pituité ne nous en donne-elle pas des enseignes par la blancheur? Ceux qui en sont composez sont lents et mols en leurs mouvemens, s'ils ne sont poussez et eschauffez. Ne voyons-nous pas ceste varieté de fleurs coulourées, desquelles le soleil esmaille la terre au printemps, nous representer la diversité de ce temperament, que nature ordonne à la naissance de chasque chose? car, comme elles abondent plus en humidité, le soleil, le feu de la terre, leur imprime moins sa couleur, aux unes plus, aux autres moins, aux autres point. Les fleurs rouges c'est tout feu, et sont quasi en leur temperament toutes chaudes et seiches : la rose rouge plus chaude que la pasle, et blanche très froide; le soleil a trouvé moins d'humidité à la rouge : il y a davantage sans contraste emprainct son caractere; à la pasle, il en a trouvé plus : il ne l'a si fort coulourée; à la blanche, il a esté seulement autheur de l'espanouyr, non de la coulourer : il le l'a laissée au temperament de sa naissance, car son humidité y a peu resisté. Toutes les fleurs blanches donques sont aqueuses, froides et humides, de la couleur de l'eau et de son temperament; leur odeur aussi n'est telle, ne si forte, comme elle est des autres fleurs, car leur humidité est trop grande. Les fleurs jaunes sont chaudes et humides : le soleil leur a trouvé de l'humidité; si n'a-il laissé pourtant à y imprimer aucunement ses couleurs, mais non parfaitement. Des fleurs noires, il n'y en a point du tout : toutes fleurs degenerent en ceste couleur froide et seiche; la fleur est à sa mort lors quelle prend ceste teinture. Tous les oyseaux ont ceste mesme raison en la diversité de leurs pennages, car le soleil colore et fait mouvoir tout au monde ; et où sont les grandes ardeurs, comme sous les Tropiques, les oyseaux y sont verts, blancs, jaunes et rouges, tout ensemble, comme nous voyons les perroquets, qui nous viennent de ce pays-là, aussi sous l'equinoxe. Cela nous monstre bien la providence de nature, qui fournit les oyseaux qui sont nez soubs ceste zone torride de tant d'humidité qu'il ne leur fait par cela non plus qu'il fait à nos fleurs, que le soleil aisement, encor qu'il ne soit point violent comme en ces climats, l'a imprimé son caractere. Le vert, couleur procedant du blanc, demonstre que ces oyseaux estoyent pour estre blancs ; mais la chaleur du soleil, et l'ardeur de ses rayons a rendu leurs pennages verdoyans : c'est ce que les grandes rousées qui sont en ce pays de delà causent, d'où les oyseaux sont engendrez retenant ceste humidité par ce moyen en leur naissance, car les oyseaux selon leurs especes sont plus aquatites que terrestres, comme mesme Moyse nous enseigne en la creation des choses, lequel attribue à l'element de l'eau la matiere de quoy furent creés les oyseaux. Mais voulez-vous une plus facille demonstration de la force des rayons du soleil en l'humide? Voyez-moy, en esté, par les grandes chaleurs, comme le soleil, agissant par ses rayons en l'eau, il le la convertit en verdure.

## CHAPITRE VII

Mais c'est assez discouru sur les couleurs des fleurs et de celle des oyseaux; approchons-nous plus près de la similitude, du naturel de nostre chien, qui est animal quatre pieds, et venons à apprendre la valeur de son poil, par celuy de cest autre noble et brave animal; venons donques au cheval qui est alezan buslé, que nous voyons estre tout feu : ne sont-ce pas chevaux colleres, invincibles au travail, prompts et legers? Aussi les chevaux rouges que l'on appelle bayars, n'est-ce pas un loüable poil, et principallement lors qu'il n'intervient point de marques blanches, mais qui a toutes les extremitez noires? L'alesan essavé, le bay essavé, ce sont tous chevaux mols ordinairement et de peu de cœur. La couleur noire est loüable aux chevaux : car, le cheval estant animal froid et humide, les chevaux noirs le sont moins, pour la secheresse de l'humeur melancolique, de laquelle il est composé plus que les chevaux d'autre poil : aussi ne voyez-vous point comme ils ont le regard melancolique, et sont appelez moreaux vulgairement, pour le temperament qu'ils ont commun aux Mores. Tout cheval qui a les extremitez noyres est loüable, car c'est signe qu'il les a seiches et nerveuses ; mais gardez-vous de ceux qui les ont blanches : ils sont mols et se foulent aisement. Venons aux gris pommellés : ils durent longtemps ; ce qu'ils ont de meslé des autres couleurs, que le soleil a peu meslanger par sa vertu en leur naissance, leur change leur temperature, ayans ordinairement la corne noyre, et le cuir noir, qui les rend loüables, car le cheval blanc est mol et delicat; j'appelle le cheval blanc, afin que l'on ne s'abuse, qui a le couillon et le pied blanc, et tout le cuir que je n'estime point que pour leur beau poil, non pour leur bonté et generosité de courage, aussi peu pour leur force, en tant que, le cheval naturellement estant humide de soy, ceux ici le sont par trop, tellement que ce qui est vicieux aux chevaux est loüable aux chiens, lesquels sont de contraire naturel, comme l'un froid et humide, l'autre chaud et sec.

# CHAPITRE VIII

Ces deux animaux domesticques de l'homme ont deux dons par dessus les autres animaux : car, comme le chien excelle à l'odorat, le cheval n'en ayant quasi point par son humidité excessive, il a en recompense une grande memoire, ce que son escuyer esprouve bien, luy ayant donné une leçon. Mais laissons-le là, mon but n'est d'en traicter qu'à propos de la cognoissance de mon chien. Icy je ne feray mention du poil des hommes, lequel toutesfois, comme aux autres creatures de Dieu, demonstre par sa couleur le temperament. Je les trouve doüez de tant d'excellence, par la raison, sur les autres animaux, qu'ils ne doyvent estre amenez en ce rang pour preuver le naturel du brutal creé de Dieu pour le servir. Je me reserve cela à une description particuliere que je feray (ce Dieu plaist) des pays estranges où j'ay voyagé, où traicteray la cause de la diversité des mœurs, des visages, des yeux, des cheveux et des couleurs des hommes. Venons donc à nos chiens blancs, sur lesquels ce soleil, qui preside sur les diversitez de l'esmail de tant de fleurs, sur les pennages bigarrez des oyseaux, sur les pelages diversicolorez des chevaux, domine, leur causant la varieté des couleurs de leurs poils, pour nous demonstrer sa nature, sa pesanteur, sa legereté, sa vigueur et son courage, sa molesse et sa lenteur. Je diray donques que le chien de poil blanc, pour participer de l'humide, comme ce que j'ay monstré, tenir plus de l'humide, que des autres qualitez tout ce qui est coloré blanc, aussi sera-il entre tous les chiens le plus humide, et son chaud et sec, duquel le chien naturellement est composé, plus temperé. C'est pourquoy, aux grandes chaleurs, il resiste davantage par son humidité, qui tempere son chaud et sec, et luy fait exceller en l'odorat; davantage lors des grandes chaleurs : aussi, si le faites chasser à la rousée du matin, ou par temps froid et pluvieux, vous le voirrez, morfondu, et, incontinent recreu, suyvre les chemins, n'entrer dans les forests : je ne veux pas faire une regle generalle, car il y en a quelques uns qui ont tant de courage qu'ils chassent en tout temps; or, cecy arrive par la grande abondance d'humeur aqueuse, froide et humide, que ce chien a, qui luy cause diminution de sa chaleur, tellement qu'il n'a assez de chaleur au dedans pour resister au froid et à l'humide externe. Toute blancheur en l'animal nous sera donques signe de son humidité. C'est pourquoy les medecins, aux maladies furieuses, pour appaiser la chaleur, ordonnent les choses froides et humides, pour les appliquer entre autre chose. Les oyseaux blancs, pour leur humidité, sont remedes excellens : apprenons donques la blancheur nous estre signe d'humidité, et que c'est la raison pourquoy nostre chien blanc est excellent, par dessus les chiens d'autre poil, à chasser par les grandes chaleurs, lors que les poussieres sont grandes, et que quasi la terre est toute poudre.

## CHAPITRE IX

La varieté du pelage aux chiens est aussi divers qu'est nature, au reste des couleurs qu'elle empraint en ses formes diversement : car, comme quatre couleurs principalles, blanc, noir, jaune et rouge, composent une infinité de meslanges de couleurs, ainsi font-ils une multiplicité de diversitez entre les chiens; et, pource que le blanc est la base des couleurs, nous l'avons premierement traicté. Venons au contraire qui luy est opposé, et venons aux chiens noirs, desquels je ne fais grand compte, pour estre chiens melancoliques et rechignez, subjects à la galle, pour la grande adjestion dequoy est leur sang : car, estans, comme tous les chiens sont universellement, chauds et secs, ils sont meslez d'humeur melancolique aduste, qui leur cause incessamment demangesons, et rouviez. Je les loüe davantage lors qu'ils sont gadroules : ces marques corrigent ceste humeur vitieuse, et les rend plus bouillants et furieux, car autrement ce sont chiens froids, qui sont les moins excellens au sentiment que tous les autres sortes de chiens. Je fais grand compte des chiens gris rougeastres bruslez, ce sont chiens qui se mettent à toute heurte : ils chassent en tout temps, ils ont ordinairement la queuë grosse et le poil gros ; ils sont courageux, c'est tout feu, et semble que ces chiens le vomissent ; ils ont les yeux rouges avec cela : croyez qu'ils sont, de leur nature, prompts, legers, ardents ; qu'ils veulent tousjours estre en exercice, s'ennuyent au chenil, ne sont jamais las ne morfondus, vrays chiens de gentilhomme, qui les met à toute heurte. Et, en voulans avoir de bons chiens, meslez-le avec une lice blanche, vous leur affinerez le nez, et en faites de bonnes races de chiens, car ce feu corrigera l'humide et la molesse du chien blanc, et cest humide du chien blanc temperera la grande ardeur du chien gris rougeastre bruslé. Ce sont chiens qui parchassent bien, qui ne craignent point les forests ny le mauvais temps; ce sont chiens pour chasser un cerf, qui fait en l'hyver de longues fuites; je conseillerois aux princes qu'ils ne courent que le cerf pour l'hyver s'en servir, et aux grandes chaleurs faire chasser les chiens blancs, et en ceste façon ils auront du plaisir. Les chiens fauves blancs essavez sont aussi bons chiens, et après les chiens blancs ce sont ceux qui ont le plus d'odorat; j'en ay veu beaucoup d'excellens chiens. Les chiens jaunastres sont temperés plus qu'autres chiens, sont chiens communs, qui sur la vieillesse deviennent bons et durent longtemps : ils veulent du renard, sont mal aisez à les en chastier; mais ce feu passe, il s'en trouve qui fournissent bien; je les louë davantage ayans des marques blanches, en ont le nez meilleur, aux chaleurs. De tout poil il se trouve de bons chiens. Je veux que l'on face cas du gros poil en un chien; qu'il soit court et gros, la queuë grosse mastine, le pied petit et pressé, et le jarret droit, comme celuy du mastin: pour les oreilles, je n'en fais point de compte, les chiens chassent du nez et de la force, et non des oreilles.

# CHAPITRE X

QUAND vous aurez une belle lice blanche, et que vous en voudrez tirer race, regardez que vos chiens viennent en l'automne, car par ce moyen ils s'affermiront contre le froid, et ne seront point frilleux; faites-les nourrir tous ensemble, et asseurez-vous qu'ils feront toujours leurs questes et leurs entreprises ensemble, et de plus seront tous d'une force; faites-leur hanter le bestial blanc, afin qu'ils n'y courent aux champs, car, s'il arrive que vostre chien ait gousté du sang du mouton, difficilement l'en desacoustumerez-vous, et sont quasi incorrigibles. Que la nourriture de vos chiens blancs en la jeunesse soit peu de potage, mais force pain et chair, car la soupe ne leur vaut rien; aux chiens d'autre poil le potage est bon, et principallement aux chiens gris rougeastres bruslés et aux noirs gadrouilles, car cela les humecte davantage, ces chiens-là estant de leur naturel beaucoup chauds et secs, ignés; mais il n'y faut gueres de sel, car il les enflammeroit davantage et desecheroit, et il faut les humecter. Il faut aussi que le chenil, principallement de vos chiens blancs, soit en lieu sec, et faut que le garson des chiens bouchonne vos chiens blancs, et qu'il leur change souvent de litiere, car ils sont subjects aux puces. Ces chiens icy sont un peu delicats, et faut en avoir soucy, mais aussi ils vous donnent bien du plaisir à les voir chasser : car, où tous vos autres chiens auront le nez cassé, vous voirrez vos chiens blancs aller requerir un liévre, que tous les autres chiens suralleront. Je ne conseille point au chasseur pour liévre en estre de [chasse] sans cinq ou six, et il trouvera en esté, s'il y prend garde, qu'il n'y en aura que pour eux à parler, où les autres n'en sonneront mot : cela ay-je experimenté beaucoup de fois, et ay d'autre fois hay ce poil pour leur delicatesse, mais l'experience me les a fait aymer et faire compte.

# CHAPITRE XI

La chasse du liévre appartient au gentilhomme, et aux grands princes à courre le cerf. Si ne vous accorderay-je pas qu'un liévre bien chassé ne donne plus de plaisir qu'un cerf. Je sçay bien qu'il y a plus de grandeur à laisser courre un cerf qu'une petite bestelotte comme un liévre; si disputeray-je avec tous veneurs que la cause pourquoy on aime et fait-on cas de la chasse du chien courant est plus demonstrée au liévre que non pas au cerf. Premierement vous ne sçauriez voir vos chiens chasser ensemble en la chasse d'un cerf, comme en celle du liévre : car, le cerf tirant les plaines, les chiens s'escartent tellement que vous n'oyez point la moitié du bruit en un cerf que vous faites en un liévre, lequel se fait relancer souvent, et ne tenez grand pays pour escarter vos chiens; aussi que vous donnez à un liévre toute la meulte, seize ou douze chiens, où à un cerf vous ne mettez aux plus fortes meultes pour le cerf que neuf ou treize chiens de la meulte, le reste c'est pour mettre au relais; et est bien allé quand, à la mort d'un cerf, vous en trouvez trois ou quatre de la meulte. Mais il n'en va ainsi aux fins d'un liévre : tout s'y trouve; vous voirrez le relancer cent fois, et se rescrier d'une façon que je ne vois point faire aux chiens à la chasse d'aucune beste, et puis vous voyez une sagesse aux vieux chiens à redresser un deffaut, à faire leurs devans, à requester dedans leur enceint : en somme, vous leur voyez faire des conclusions de silogismes, que Aristote ne les sçauroit faire en meilleure forme. Ils disent : « J'ay fait tous ses devans, je ne le trouve point passé, il faut donc qu'il demeure », et voirrez des chiens, lors qu'un liévre demeure et que le chasseur pense qu'il s'en va, qu'ils s'opiniâtreront à trouver le liévre, et ne partiront de leur deffaut qu'ils ne l'ayent remis debout, tellement que vous estes tout estonné que ce chien le relance, et faut aller à luy. Certes, comme il y a de la merveille aux ruses que fait le liévre, aussi est-ce chose à admirer de voir un animal irraisonnable avoir tant de sagacité à desmesler les allées et venues que fait ce pauvre petit animal, lors qu'il ruse pour sauver sa vie. Je croy qu'un liévre, devant qu'il soit prins à force, fait plus de dix lieuës à aller que venir sur luy; j'en ay couru qui ont tiré jusques à trois lieuës. Il me souvient d'un, lequel on me donna un jour à courre, qui avoit esté failly de fort bonnes meultes : je ne sçay quel malheur eut ce jour-là ce pauvre liévre; je croy pour moy que quelqu'un l'empescha de tirer le pays où il se desmesleroit des chiens, et que, lorsqu'il se vit despaysé, il n'eut recours qu'à ses jambes, et alla tant qu'elles le peurent porter; il couroit, sans se relecer, trois grandes lieuës; il estoit tout gris et fort grand, qui est signe de grande vieillesse aux liévres.

## CHAPITRE XII

Les premieres ruses des liévres sont celles que les chasseurs doivent les plus craindre, car ce sont les plus fines. Ordinairement les liévres en font comme ils sont lancez, tellement que, si vous pressez trop vos chiens du commencement, vous les perdrez : car les liévres ont ceste malice que, si tost qu'ils sont lancez, ils ne feront point cent pas qu'incontinent ils ne se mettent sur le ventre, et les chiens auront-ils passé par dessus eux, ils s'en retourneront d'où ils viennent; de façon que, si vous pressez trop vos chiens, vous les ferez emporter et faillirez vostre liévre, car bien souvent il semble que vos bons chiens rebatent sur eux, de les voir retourner tout court par où ils sont venus, et les voudrez faire tirer après quelques chiens que la fouge emportera, et puis vous aurez veu dresser la teste de vostre liévre au partir droit là où chassent ces chiens, qui toutesfois s'emportent. C'est pourquoy il faut que le chasseur, s'il est possible, empesche que ses chiens ne voyent le liévre au lancer, car cela les fait souvent s'emporter par trop de chaleur que la veue du liévre leur donne; il les faut laisser chasser bellement; il faut tousjours juger quel pays pourroit bien prendre un liévre, lors qu'il fait un mauvais temps : car, s'il fait mouillé, ils prennent tousjours le chemin, et souvent va le cul au vent, estant cest animal de ceste nature que le vent luy empesche l'haleine, pour avoir les narines peu defensibles du vent; il prendra aussi souvent une terre nouvellement hersée, où les chiens chassent malaisement, et n'y peuvent bien reprendre ; lors il faut faire vos devans outre lesdicts hersis, où il y aura quelques gacheres herbues, vous essayerez si vos chiens n'en reprendront point. Lors que vous voyez ces difficultez, il faut que le chasseur mette pied à terre, et que soigneusement il espluche les chemins, et avec l'œil rechercher quelque onglée dans le chemin : ce faisant, vos chiens en requesteront mieux, vous voyant parmy eux, et, si c'est sur les fins du liévre, il faut eschauffer vos chiens, et les appeller par leurs noms, selon que les voirrez bien faire, et les presser un peu, car, aux fins, les voyes du liévre sont plus froides et vos chiens ont perdu leur chaleur, et, si vous avez quelque vieux chien, c'est à cestuy-là à qui il faut vous adresser, encor que bien souvent il soit à vostre estrieu, car lors il se rechauffera, et sera ce chien-là la cause de la mort du liévre bien souvent. J'ay eu une lice qui ne partoit jamais de mon estrieu qu'elle ne sentit affoiblir le liévre ;

mais, sur les fins, vous l'eussiez veu relever tous les deffauts, et certainement mes chiens avoyent telle creance en elle qu'ils estoient asseurez, lors qu'elle se rechauffoit et qu'elle donnoit à la meulte, de manger du liévre. Je luy ay veu garder le change, car le liévre le donne souvent, et principallement dedans les forests ; mais les chiens, avec le temps, le sçavent bien garder : c'est où les hommes ne leur peuvent aider ; nature s'y renforce, et leur apprend. C'estoit une lice qui estoit de poil de soupe de laict, qui estoit venue de Bretaigne, dont j'ay eu de bons chiens par deçà, qui n'y valoient rien ; je croy que ce doit estre que le pays est plus meridional, et par ainsi plus chaud, et celuy de France plus fraiz ; aussi que, quasi par tout la conté de Nantes, ce sont de grands genets piquans, qu'ils appellent jongs marins, que les chiens trouvent bien fascheux. Le chien courant veut un air temperé pour bien chasser. J'ay esprouvé d'autre fois amener des chiens de Caux, pource que l'air de la mer y est froid, chasser fort bien par deçà; et bien souvent l'on me les donnoit pour ne valoir guere de chose : ils se trouvoient des bons de ma meulte, qui m'en faisoit rechercher la cause. J'ay donné des chiens pour faire chasser en ce pays-là, qui estoient bons par decà, ne chassoient point bien par delà qu'ils n'eussent accoustumé les vents et les froids qui y sont coustumiers. Le chien courant ne veut point les grands vents; et, de vray, ils empeschent les chiens de chasser, car ils emportent les voyes, et ostent le sentiment par leur violence : aussi que le liévre va tousjours le vent au cul, nature lui enseignant l'avantage qu'il en reçoit.

# CHAPITRE XIII

*Où est traicté l'instruction au Chasseur, de quelque estat qu'il soit.*

Le gentilhomme retiré en sa maison ne peut estre sans quelque plaisir le plus honneste; et en faisant lequel Dieu est le moins offensé, c'est, ce me semble, la chasse : car tel exercice occupe l'esprit de façon qu'il ferme la porte à beaucoup de pensées [illegible]cieuses qui pourroient avoir lieu [illegible] nous, [illegible]us semble que le travail, et le plaisir [illegible] doux, deschasse d'[illegible] nous, car tels desirs proviennent plus tot de la molesse et de l'oisiveté que de nostre naturel. Or, je con[illegible]le à celuy qui voudra prendre tel plaisir qu'il se donne le loisir à six heures d'ouyr la saincte messe et y faire ses devotions accoustumées, sans en rien que son plaisir luy interrompe la contemplation de Dieu son createur, pour l'admirer et le recognoistre, pour luy rendre graces de ses benefices journaliers, et luy demander ce qui est necessaire à un chacun pour ceste vie passagere. Cela fait, il aura encore une heure et demie pour penser à ses affaires, et y donner ordre, tant à celles qui sont domesticques que autres, et selon l'estat en quoy il est appellé. Après il disnera sur les neuf heures, pour monter à cheval à dix heures et demie, et [illegible]scoupler à unze, en esté; en hyver, à gua[illegible] [illegible]e les jours sont plus courts, aussi qu'il [illegible] point de rousées, il faut une heure plus [illegible] commencer vostre exercice. Ainsi vous me[illegible]rez vos chiens tous couplés jusques au lieu où vous voulez courre, et choisirez quelque beau [illegible]ret pour les descoupler, où ils commenceront leurs questes; et ainsi cherchans les voyes du liévre, vous battant les plaines, et, si vous en trouvez du matin qui soyent bonnes, vous ne les laisserez point, mais vous opiniastrerez à les faire desmesler à vos chiens et à l'aller querir, car cela apprend vos chiens à bien lancer, et mesmes à cognoistre les ruses du liévre qu'ils courront s'ils le lancent : car ordinairement, comme il ruse la nuict, ainsi fait-il le jour s'il est chassé, et fait les mesmes ruses, tellement que vos chiens les estudient et s'y rendent maistres lors qu'il arrive un deffaut. Or, pour trouver bien tost des voyes, il faut regarder les forests : car, s'il fait froid, les liévres quittent les plaines et s'y retirent; et, comme le soleil s'eschauffe comme au printemps, il faut faire les guarets; et, comme les bleds commencent à estre grands, il les y faut chercher, car les liévres s'y mettent souvent. Avez-vous lancé, ne pressez point vos chiens du commencement, laissez-les chasser et se recognoistre, et, s'il arrive un deffaut, prenez garde jusques où vos meilleurs chiens auront chassé, et lors faites vos devans ; et, si vous ne le trouvez passé, guestez et vous opiniastrez, faites les chemins, appelez-y vos chiens, et les accoustumez de donner le nez dedans : car c'est l'excellence des chiens pour liévre, de courre bien le chemin, car les bons liévres ne les oublient pas à prendre. Si vous voyez qu'il n'y donne point, et que les chiens, desquels vous asseurez qu'ils ne le suralleront point, auront donné partout, lors questez dedans vostre enceint, et ne vous ennuyez point, car il faut à ceste chasse avoir de la patience pour y avoir du plaisir. Est-il relancé, laissez chasser vos chiens, et mesmes, quand vous le voirriez à veuë, ne forthuez point vos chiens, moyennant qu'ils chassent, car, s'ils ne chassoyent, il les faudroit redresser; je dis encor que vous pensiez abbreger vostre chasse, et approcher vos chiens, faites-leur chasser tout, qu'ils n'en perdent pas un pouce, sans leur beaucoup crier et sonner, car cela empesche bien souvent que les chiens de la meulte ne peuvent ouyr les chiens à qui ils ont creance, et qui les redressent, où toute la jeunesse a tel credit que c'est chose admirable, monstrans ces bestes irraisonnables aux hommes, à qui Dieu le Createur a donné une raison de suivre les bons, et ceux qui ont gaigné ceste authorité d'estre estimez veritables, non les menteurs et abuseurs du peuple. Ces animaux sçauroyent bien distinguer un chien qui a accoustumé par trop d'ardeur de parler à faux, d'avec celuy qui ne ment point, et qui parle à bon escient : car ce menteur aura beau appeller, les autres n'en leveront pas le nez de dessus leurs questes. Ainsi devons-nous boucher nos oreilles, à l'exemple de ces chiens, aux maldisans et menteurs qui, faussement crians le peuple, le vont seduisant, afin de le departir du vray service de Dieu, ou bien de l'obeissance deuë, après Dieu, aux roys et aux superieurs : dont sont causées tant de guerres qui apportent tant de desolations et tant de miseres aux royaumes et republiques. Ce sont ceux desquels le Psalmiste parle, disant qu'il faut imiter la prudence du serpent, qui bouche de sa queuë ses oreilles, afin de n'ouyr la voix menteresse du trompeur. Doncques la sagacité du chien nous doit servir d'instruction. O! que c'est une grande prudence à l'homme de pouvoir, aux actions des animaux, apprendre la sagesse, dequoy ils usent par leur instinct naturel! C'est pourquoy le sage envoye le paresseux au formy, pour apprendre sa grand'prudence, de ce petit animal qui amasse en esté dequoy pouvoir vivre en hyver, à l'homme qui doit faire provision de sagesse, pour resister contre les coups de la fortune, qui est si diverse et variable aux humains. Il ne faut point que l'homme aye honte d'avoir des maistres d'escole, tels que pleust à Dieu que nous les peussions bien imiter, car nature a donné à un chacun d'eux tant de proprietez qu'elles se doivent par la raison (par laquelle nous les excellons) toutes recueillir en nous. Mais revenons à nostre discours, duquel je me suis emporté, ayant souvent veu cette temperance et astuce au chien ; je blasme la folie des hommes, et la mienne la premiere. Or, comme vous avez chassé un liévre une heure ou deux, et que vos chiens l'ont rapproché, qu'il se fait relancer souvent, il se faut lors tenir près de vos chiens pour leur aider : car c'est quand ordinairement les liévres se perdent, car un liévre aura ceste malice de faire un saut de dix ou douze pieds, et puis se mettra sur le ventre ; c'est quand il n'en peut plus ; et advient que ayant fort couru, qu'il a perdu quasi ce qu'il avoit d'humeur, tellement que, comme il est froid, les chiens passeront cent fois pardessus, sans en avoir aucune cognoissance : lors un vieux chien rusé fera ses devans courts, mettra le nez en haut pour plus aysement s'en rabbatre, et questera autant à l'œil qu'il fera du nez, et l'avisera souvent qui se sera jetté dedans quelque fort hallier, où le chien l'ira prendre.

## CHAPITRE XIV

*Du moyen de faire la curée aux chiens.*

OR, est-il prins, il faut faire vostre curée à vos chiens. Les chaudes sont les meilleures. Je n'approuve point ce letage qu'aucuns chasseurs meslent avec le sang et les dedans du liévre; j'approuve que le liévre soit despouillé et baillé aux chiens tout chaud et tout entier, et reserver la teste pour faire manger aux jeunes chiens. Or la raison pourquoy je veux que le liévre soit despouillé quand on le donnera aux chiens, c'est que le poil les fait malades, et leur cause desgoustement de la chair de liévre, tellement qu'ils ont ceste chair en horreur qui leur a fait mal; mais, si la curée ne leur a fait point de mal, ils retourneront le lendemain à la chasse bien sains et bien gaillards, chasseront bien, se ressouvenans de la bonne chere que vous leur avez faite. Il y a encor une sorte de curée qui met les chiens bien à la chair, mais il y faut prendre un peu de peine : c'est qu'il faut faire rostir le liévre et leur bailler chaud. Il n'y en a point une meilleure que celle-là, et de laquelle les chiens se ressouviennent davantage, et qui leur face trouver la chair du liévre plus friande : car le chien courant, entre tous les chiens, chasse pour manger, tellement que, lors que des chiens sont bien à la chair, il ne leur est rien impossible à prendre. Voila comment bien faire curée aux chiens est une des actes principalles du chasseur de liévre.

AD CLARISSIMUM ET DOCTISSIMUM VIRUM

# JOHANNEM DU BEC,

CŒNOBIARCHAM MORTUIMARIS.

*Seria scripta prius sacris e fontibus hausta*
*Edidit, ecce graves dat tua musa jocos.*
*Numque pharetratæ certamina grata Dianæ*
*Venatrix isthæc pagina tota sonat.*
*Hic canis auriti leporis vestigia latrat,*
*Hic penetrans sylvas spumeus hinnit equus.*
*Sunt studia illa trucis proludia prima duelli,*
*Proximus hic Martis ducit ad arma gradus.*
*Venandi studium somnos abrumpit inertes,*
*Contemptoque docet frigore, ferre famem.*
*Melle voluptatis fel mitigat acre laboris,*
*Venandi gratus redditur arte labor.*
*Nobilitas habeat toto tibi pectore grates,*
*Cui tua tam gratum musa polivit opus.*

D. DUTHOT.

# NOTES

Page 1, ligne 2. *Antagonie* (du grec ἀνταγωνία), lutte, combat.

3, 2-3. *Et où de moi vous avez veu*, car après avoir vu de moi. *Où* a ici le sens de la conjonction latine *ubi*, quand, lorsque, après que.

— 8. *Nos roys dont vous estes yssu*. François d'Orléans, comte de Saint-Pol, était le second fils de Léonor d'Orléans, duc de Longueville, et de Marie de Bourbon, duchesse d'Estouteville.

Les d'Orléans-Longueville descendaient du célèbre Jean d'Orléans, comte de Dunois, enfant naturel du deuxième fils de Charles V, Louis de France, duc d'Orléans, et de Mariette d'Enghien, veuve d'Aubert de Cany. En 1571, Charles IX accorda aux ducs de Longueville le titre de princes du sang à cause de leur origine et de leurs alliances. François d'Orléans tenait le comté de Saint-Pol du chef de sa mère. Il joua un rôle important sous les règnes de Henri IV et de Louis XIII; devint ainsi chevalier du Saint-Esprit, gouverneur de Picardie, pendant la minorité de son neveu Louis II de Longueville, puis d'Orléans et des pays adjacents (Chartres, Tours, le Dunois et le Vendômois), Grand Maître de France, duc de Fronsac et de Château-Thierry, enfin pair de France. Le 5 février 1595, ce grand seigneur épousa Anne de Caumont, dont il eut un fils unique, Léonor d'Orléans, duc de Fronsac, tué au siège de La Rochelle en 1622. François d'Orléans mourut à Châteauneuf-sur-Loire, le 7 octobre 1631.

P. 4, l. 8-9. *Au feu roy*, Henri III, assassiné à Saint-Cloud, par Jacques Clément, le 1er août 1589.

— 11. *Mais, si est-ce que lorsque*, mais pourtant lorsque.

— 18. *Il tourne la chance*, il tourne l'entreprise, passe à un autre sujet. Molière a donné aussi la signification d'*entreprise* au mot *chance* :

> *Au hasard du succès, sacrifions des soins ;*
> *Et s'il poursuit encore à rompre notre* chance,
> *J'y consens, ôtons-lui toute notre assistance.*
> (L'Étourdi, acte III, scène 1.)

5, 4. *Qu'il n'eût voulu*, s'il n'eût voulu.

6, 18. *Reprins*, repris, blâmé.

7, 8-9. *Jouyra de vostre cabinet*, sera placé dans votre cabinet.

— 13. *Doint*, troisième personne de l'ancienne forme du subjonctif du verbe donner. — *Qu'il vous doint*, qu'il vous donne.

10, 16. *Sentiment*, odorat. Au printemps, lorsque les feuilles naissantes commencent à parer les forêts, que la terre se couvre d'herbes nouvelles et s'émaille de fleurs, leur parfum rend moins sûr le *sentiment* des chiens. (Buffon, *le Cerf*.) — Page 11, ligne 5, Jean du Bec donnera au mot *sentiment* le sens d'*odeur* qu'il a souvent en vénerie. — *Sentiment*, dit Le Verrier de La Conterie (*Ecole de la chasse aux chiens courans, dictionnaire des termes de chasse*), c'est l'odeur dont le nez du chien est frappé.

P. 11, l. 16. *Ceste chasse icy*, cette chasse-ci.

12, 8-10. *Aussi faut-il..... de desmesler...*, aussi faut-il..... pour démêler...

— 11. *Voyes*, voies. Ce terme signifie premièrement : la trace ou l'empreinte des pieds de l'animal ; et, en second lieu, l'odeur ou le sentiment qu'il laisse en passant. (D'Yauville, *Traité de vénerie, Vocabulaire général des termes de la chasse du cerf.*)

— 12-13. *Et ay observé..... que, pour aucuns lièvres surabonder en....., estre tellement sans..... que.....*, et j'ai observé que certains lièvres ayant trop de..... étaient tellement sans..... que.....

13, 4. *En sa fin,* à la fin de sa vie.

— 7. *A bon escient,* tout de bon, complètement.

— 9-10. *Tenir les voyes,* suivre les voies.

— 10-11. *Qui n'entrent point à la considération de la nature,* qui ne prennent point en considération la nature de ces animaux.

— 18. *Ils,* les chiens.

14, 4. *Comme du vent du midy,* comme lors du vent du midi.

— 5. *Eurus*. De même que le mot grec Εὖρος, *Eurus* signifiait vent d'est-sud-est, ou simplement vent d'est, mais non vent du midi, ainsi que le dit Jean du Bec. *Eurus* avait du reste pour *opposite,* comme ajoute l'auteur, *Circius,* ou le vent de nord-ouest, vent impétueux.

— 10. *Claire à la nature,* claire, vu la nature de ces vents.

— 11-12. *Dilate trop le sentiment,* disperse trop les émanations, les odeurs laissées par le gibier. — Page 17, lignes 19-20, Jean du Bec dira que le *sec concrete* (condense) *les voyes.*

P. 15, l. 2-3. *Et desja interrompues,* et être déjà interrompues.

— 12. *Baillent,* ils baillent, donnent.

— 17. *Grolle.* Dans La Curne de Sainte-Palaye, Richelet et M. Littré, on trouve ce mot avec l'acception de *corbeau, corneille,* qu'il ne saurait avoir ici ; mais certains auteurs lui donnent aussi le sens de *vieille pantoufle, savate,* et alors le membre de phrase, *si la grolle n'est rompuë au fonds de la terre,* semblerait vouloir dire, *si la patte* (du chien) *n'est rompue* (habituée) *au fonds de la terre* (au sol).

— 21. *Pelu,* poilu, couvert de poils.

— 21-22. *Quand et soy,* avec lui.

— *Se botte,* se fait comme des bottes avec la terre.

16, 2. *Quand pour le,* quant au.

— 8. *Surallées.* Un limier qui a passé par-dessus de bonnes voies, sans s'en rabattre (les trouver), les a *surallées.* (D'Yauville, *Vocabulaire du valet de limier.*)

— 9. *Dilatant... à...,* soustrayant, empêchant d'arriver à...

— 12-13. *S'ils ne sont bien à la chair,* s'ils (les chiens) n'ont point goûté, s'ils n'aiment pas la chair du lièvre. — Voir, page 66, comment, selon Jean du Bec, on met le mieux les chiens à la chair de cet animal.

— 17-20. *Il faut que le chasseur soit avisé... que... qu'il face...,* il faut que le chasseur sache... que... il doit faire... — *Face ses devans. Prendre* ou *faire les devans,* c'est rechercher la voie de la bête que l'on chasse, du côté où elle avoit la tête tournée quand le défaut est arrivé. (Le Verrier de La Conterie, *Dict. des termes de chasse.*) Dans ce but on décrit des cercles que, selon la grandeur du rayon, on appelle *grands* ou *petits devants*.

P. 17, l. 1. *Demeure*, demeure dans l'enceinte, se flâtre (se met sur le ventre) en quelque endroit.

— 21-22. *Plus aisées à emporter*. Un chien *emporte la voie* lorsqu'il suit ou chasse sans difficulté. (D'Yauville, *Vocabulaire général des termes de la chasse du cerf.*)

19, 3-4. *Si est-ce que le liévre en est*, vu que le lièvre en est.

— 12-14. *L'automne est la saison qu'il y ait point où les chiens chassent le mieux*. Il n'y a point de saison où les chiens chassent mieux qu'en automne.

— 18-19. *Mais je trouve que la raison est plus apparente, c'est que...*, mais je trouve que la raison la plus apparente (la plus vraisemblable), c'est que...

— 22-23. *Et estre mieux susceptibles de tout sentiment externe*, et sont plus aptes à recevoir et à conserver les émanations, les odeurs, venant d'autres corps.

20, 4-5. *J'ay veu par experience*, je l'ai vu par expérience.

— 5-6. *Monseigneur le Grand Prieur de France*. Henri de France ou d'Angoulême, Grand Prieur de Malte pour la France, gourverneur de Provence et amiral des mers du Levant. Il était fils naturel de Henry II et d'une Écossaise de la maison de Leviston, nommé Flamin. Il fut tué le 2 juin 1586, à Aix, par Philippe Altoviti, baron de Castellane, qu'il venait lui-même de frapper à mort. Ce prince était le protecteur de Malherbe (*Lettre de Malherbe à M. de la Garde*.

*Œuvres de Malherbe,* éd. Hachette, Paris, 1862, t. I, p. 357), et le prit même comme secrétaire.

P. 20, l. 12. *Il s'esprouve aussi,* cela se voit aussi.

— 23. *Plaisamment,* volontiers.

21, 4. *Menée.* — *Menée* ou *belle menée,* cela se dit d'un chien qui chasse droit et qui crie admirablement bien. (Le Verrier de La Conterie, *Dictionnaire des termes de chasse.*)

22, 10. *Et faut avoir de la peine à...,* et il faut se donner beaucoup de mal pour...

23, 15-16. *Soit à la queste, soit comme ils courent,* soit quand ils quêtent (recherchent, démêlent les voies d'un animal), soit quand ils poursuivent la bête de chasse

— 18-19. *Tous d'une force,* tous de la même force.

24, 10-11. *Qu'ils soient bien à commandement,* qu'ils obéissent bien.

— 14. *Redresser,* remettre sur les voies après un défaut.

— 21. *Huailler,* faire d'incessantes huées (cris).

26, 10. *Qui ont des...,* ceux qui ont des...

— 11. *Essavées,* élavées, lavées, comme faites par l'eau ou un lavage, pâles. — Salnove dit, en parlant des limiers : « Il faut qu'ils soient d'un poil vif et non *élavé,* ny aussi blanc, à cause que les chiens de ces deux sortes de poil appréhendent les froids. » (*La Vénerie royale,* chap. XXII.)

— 12. *Conte,* compte. — Dans l'ancienne langue on écrivait souvent *conte* pour *compte*

27, 14. *Ces quatre,* ces quatre éléments.

P. 27, l. 16. *Pituité*. En termes de médecine, on nomme *pituité*, ou plutôt *pituite*, une humeur blanche et visqueuse sécrétée par certains organes, et particulièrement celle venant du nez et des bronches.

— 23. *Ces quatre humeurs*. Les anciens réduisaient à quatre toutes les humeurs du corps humain, celles du moins influant d'une manière notable sur la santé : le sang, la pituité, la bile jaune et l'atrabile devenaient ainsi pour eux des humeurs cardinales. A la prédominance de chacune d'elles ils faisaient correspondre les âges, les tempéraments, les saisons et même les climats. Par suite, les maladies étaient considérées comme résultant de l'altération, d'un excès ou du défaut de l'une de ces humeurs, et la médecine avait alors pour objectif de les faire évacuer ou de rétablir l'équilibre entre elles. Ce système, qui s'appuyait du reste sur l'autorité de Galien, fut longtemps mis en pratique d'une manière exclusive; on le désigne sous le nom d'*humorisme*.

28, 17-18. *L'appelle en bas*, attire en bas (vers la terre) les corps des animaux.

— 18. *L'esleve*, élève les mêmes corps, cherche à les éloigner de la terre.

29, 11. *Ceste geniture*, ce symptôme.

30, 11. *Enseignes*, indices, preuves.

31, 5-6. *Sans contraste*, sans difficulté. Au XVI^e^ siècle, *contraste* signifiait lutte, débat, opposition, combat.

— 20. *Aucunement*, jusqu'à un certain point, un peu.

32, 1-2. *Teinture*, teinte.

— 3. *Pennages*, plumes, plumage.

P. 32, l. 10. *Aussi sous l'equinoxe*, il en est de même sous la ligne équinoxiale, l'équateur.

— 11. *La providence de nature*, la sagesse de la nature.

— 13-14. *Qu'il ne... non plus... qu'il fait...*, qu'elle (la nature) ne... pas plus .. qu'elle ne fait...

— 15-17 *Que le soleil... l'a imprimé son caractere*, où le soleil... a imprimé son caractère.

33, 2-4. *Car les oyseaux selon leurs especes sont plus aquatites que terrestres*, car, selon les espèces, dans la composition du corps des oiseaux, l'eau, comme élément, prédomine sur la terre.

— 4-7. *Comme mesme Moyse...* — Dieu dit encore : Que les eaux produisent les animaux qui nagent, et que les oiseaux volent sur la terre et sous le ciel. — Et Dieu créa les grands poissons, et tous les animaux qui ont la vie et le mouvement, que les eaux produisirent chacun selon son espèce ; et il créa aussi des oiseaux chacun selon son espèce. — Il vit que cela était bon. (La Genèse, ch. I, versets 20-21).

34, 9. *Alezan bruslé*, Alezan foncé.

— 13. *Bayars* (du bas latin *baiardus*, venant de *badius*), bais.

34-35, 15-1. *Mais qui a toutes les extremitez noires*, et quand l'animal a toutes les extrémités noires.

35, 1. *Alesan essavé*, alezan lavé, clair.

— 17. *Se foulent*. Une foulure est une distension violente des muscles d'une articulation.

36, 3. *Couillon* (du latin *coleus*), testicule.

38, 5. *Ce Dieu ploist*, s'il plaît à Dieu.

P. 38, l. 6. *Estranges,* étrangers. *Étrange* et *étranger* étaient autrefois synonymes.

— 13. *Diversicolorez,* dont la couleur varie d'un individu à un autre.

— 15-16. *Pour nous demonstrer sa nature, sa...,* pour nous indiquer leur nature, leur...

— 20. *Tenir,* tient.

39, 10. *Recreu* (ou *recru,* participe passé de l'ancien verbe *recroire,* qu'on fait venir du bas latin *recredere se,* se remettre, se confier, se rendre), rendu, harassé.

— 22. *Furieuses,* violentes, grandes.

41, 4. *En ses formes,* selon les règles qu'elle s'est imposées.

— 15. *Adjestion,* adjection, mélange.

42, 4. *Aduste* (du latin *adustus*), brûlée, ou plutôt brûlante.

— 5. *Rouviez,* rouvieux, gale que les chiens ont parfois sur le dos.

— 6. *Gadroules.* Le *Dictionnaire théorique et pratique de chasse et de pêche* (Paris, Musier, 1769) appelle *quatrouille* un poil étranger, mêlé à celui qui forme la couleur principale des chiens. On trouve aussi dans du Fouilloux (*La Vénerie,* chap. 3) : « Les meilleurs de toute la race (des chiens gris) sont ceux qui sont gris sur l'eschine, estans *quatrouillez* de rouge... »

— 13. *Heurte,* heurt, choc, coup, rencontre. *Qui se mettent à toute heurte,* qui attaquent, chassent bien tout animal.

43, 2. *Affinerez,* rendrez plus fin.

— 8. *Parchassent.* — *Parchasser,* chasser une bête

avec les chiens courants, lorsqu'il y a deux ou trois heures qu'elle est passée. *Rapprocher* est synonyme de *parchasser*. (*Dictionnaire théorique et pratique de chasse et de pêche.*) Lorsqu'un cerf est forlongé (loin devant les chiens), les chiens sont obligés d'avoir toujours le nez à terre et de ralentir leur train ordinaire, parce qu'ils ont de la peine à emporter (suivre) la voie ; c'est ce qui s'appelle *rapprocher :* une des qualités du chien courant est d'avoir le nez assez fin pour bien rapprocher. (D'Yauville, *Traité de Vénerie, Vocabulaire général des termes de la chasse du cerf.*)

P. 43, l. 11. *Fuites*, voies d'un cerf ou d'un chevreuil qui galope. On les connoît non seulement par leur distance des unes aux autres, mais encore par les os (ergots que les cerfs et les chevreuils ont à la jambe, au-dessus du talon), qui sont fort élargis et enfoncés, et les ongles, qui sont extrêmement ouverts. (Le Verrier de La Conterie, *Dictionnaire des termes de chasse.*)

44, 3. *Fournissent bien*, font un bon service, deviennent de bons chiens.

— 8. *Mastine*, comme celle du chien mâtin. — Selon Salnove (*La Vénerie royale*, chap. 14), un bon chien courant doit avoir « la queue grosse auprès des reins, en amincissant jusques au bout, qui sera épiée (terminée en épi) et élevée en s'arrondissant sur les reins, et non tournée comme une trompe de chasse, qui est une marque de peu de force et de vitesse. »

— 9. *Le pied... pressé*, le pied... serré (dont les doigts ne sont pas écartés).

45, 3. *Regardez que*, ayez soin que.

46, 21. *Requerir*. Un chien est *requérant* lorsqu'en tombant à bout de voie il retourne ou prend ses devants de lui-même, et qu'il fait enfin, sans être aidé, tout ce qu'il faut pour retrouver son cerf. (D'Yauville, *Vocabulaire général des termes de la chasse du cerf.*)

P. 47, l. 3. *Parler,* donner de la voix.

— 3-4. *N'en sonneront mot,* ne donneront pas de voix.

— 7. *Faire compte,* estimer, apprécier.

48, 6-7. *Laisser courre,* faire courir (chasser) un animal à des chiens courants.

— 11-12. *Est plus démonstrée au lièvre que non pas au cerf,* est plus sensible, plus évidente à la chasse du lièvre qu'à celle du cerf.

— 15. *Tirant les plaines,* traversant, s'enfuyant à travers les plaines, sans s'arrêter.

49, 1. *S'escartent,* s'éloignent.

— 4-5. *Et ne tenez grand pays pour escarter vos chiens,* et vous ne faites pas beaucoup de chemin, vos chiens s'éloignant peu.

— 19. *Requester,* requêter, rechercher la voie.

50, 17-18. *Qui ont tiré jusques à trois lieuës,* qui ont couru, sans s'arrêter, pendant trois lieues.

— 23. *Tirer le pays où...,* gagner le pays où...

51, 4. *Sans se relecer,* sans se relaisser. Un lièvre *se relaisse* lorsqu'après avoir été longtemps chassé il s'arrête de lassitude, se tapit dans quelques broussailles et laisse passer les chiens qui le poursuivent. (Baudrillart, *Dictionnaire des chasses.*)

53, 1-2. *Rebatent sur eux.* Les chiens *rebattent* lorsqu'ils s'en retournent, en criant, par où ils sont venus, bien que la bête qu'ils ont attaquée continue de percer en avant, ou lorsqu'ils demeurent dans un même endroit criant sans cesse, comme s'ils chassoient le droit. (Le Verrier de La Conterie, *Dictionnaire des termes de chasse.*)

P. 53, l. 6-7. *Au partir droit là,* qui se dirige droit là.

54, 1. *Reprendre,* retrouver la voie après un défaut.

— 2. *Outre lesdicts hersis,* au delà, en dehors de cette terre nouvellement hersée.

— 3. *Gacheres herbues,* terres en jachère (qu'on laisse reposer), couvertes d'herbes.

— 8. *Onglée,* marques, empreintes des ongles de l'animal.

— 19. *Estrieu,* étrier.

55, 5. *Donnoit à la meute,* redonnait le lièvre à la meute, le relançait.

— 6. *Garder le change.* Un animal de change est un animal autre que celui qui a été attaqué. On dit, en parlant d'un bon chien : *Ce chien garde le change ou ne tourne pas au change* (ne suit pas les voies d'un autre animal que celui qui a été lancé).

— 7. *Le donne* (le change). Un lièvre *donne* ou *pousse le change,* lorsqu'il fait aller (chasse) un autre lièvre devant lui et retourne ensuite dans ses voies ou se met sur le ventre.

— 11. *Nature s'y renforce et leur apprend,* leur instinct naturel, en se développant, le leur apprend.

— 13-15. *De Bretaigne dont j'ay eu de bons chiens par deçà, qui n'y valoient rien,* de Bretagne, dont j'ai eu des chiens bons de ce côté-ci (dans ce pays-ci, la Normandie, où se trouvait l'abbaye de Mortemer), qui ne valaient rien en leur pays.

P. 55, l. 21. *Fascheux,* gênants.

56, 1. *De Caux.* Du pays de Caux, partie de la Normandie dont Caudebec et Dieppe ont été successivement la capitale. Le pays de Caux avait 64 kilomètres de long sur autant de large ; il était borné au nord par la Picardie et le pays de Bray, à l'est par le Vexin français, au sud par la Seine et à l'ouest par la Manche.

— 9. *Par delà,* dans ce pays-là.

— 9-10. *Qu'ils n'eussent accoustumé les,* qu'ils ne fussent habitués aux.

58, 6. *Recognoistre,* se soumettre, faire acte de soumission, d'obéissance à ses volontés.

— 7. *Benefices* (du latin *beneficium*), bienfaits.

— 22. *Garet,* guéret (terre labourée, mais non ensemencée).

59, 14. *Regarder les,* faire attention, prendre garde aux, peut-être aussi visiter.

— 16-17. *Et comme le...,* et quand le...

60, 4. *Guestez,* guettez, épiez, observez.

— 13. *Questez.* Quand on ne parle pas du limier, *quêter,* c'est, avec des chiens laissés en liberté, chercher à lancer l'animal qu'on veut chasser.

— 18. *Ne forthuez point,* n'appelez point.

— 19. *Moyennant qu'ils...,* s'ils...

— 21. *Je dis encor que vous pensiez,* je dis encore que si vous vouliez.

— 23. *Faites-leur chasser tout,* faites-les quêter dans toute l'enceinte.

P. 61, l. 5. *Où toute la jeunesse a*, en qui tous les jeunes chiens ont.

— 6. *Credit*, confiance.

— 21. *Departir*, détourner.

62, 4-5. *Ce sont ceux desquels le Psalmiste parle.* « Les impies se sont égarés dès leur naissance; dès le sein de leur mère, ils se sont complu dans le mensonge. Le poison qu'ils répandent est semblable au venin du serpent, au venin de l'aspic, qui ferme les oreilles pour ne point entendre la voix de l'enchanteur et du magicien dont la parole peut l'adoucir. » (David, psaume 57, versets 3-5.)

— 14. *Au formy*, à la fourmi.

63, 12-13. *Car c'est quand...*, car c'est alors que. .

— 23. *Pour plus aysement s'en rabbatre*, pour plus aisément goûter les voies, les rapprocher, les suivre.

64, 2. *Et l'avisera souvent qui...*, et souvent apercevra le lièvre qui...

— 3. *Hallier*, réunion de buissons épais.

67. Voici la traduction de la pièce latine qui termine l'ouvrage de Jehan du Bec :

*Au tres-illustre et tres-savant JEAN DU BEC, abbé de Mortemer.*

« Non contente d'avoir demandé aux sources sacrées le sujet de sérieux écrits, voici que ta muse sait, sous une apparence frivole, donner d'utiles enseignements. Consacré à la chasse, tout cet ouvrage est un chant en l'honneur des combats chers à Diane qui porte le carquois. Ici, c'est un chien qui suit, en aboyant, les traces d'un lièvre aux longues oreilles ; là, c'est un cheval qui, traversant les forêts, hennit couvert d'écume. De pareils passe-temps initient aux dangers de la lutte ; on est sur la voie qui conduit aux combats chers à Mars. La passion de la chasse interrompt le lourd sommeil, fait braver le froid et supporter la faim ; le miel de la volupté tempère l'amertume de la fatigue : pour le chasseur habile, il n'est point de labeur qui n'ait son charme. A toi toute la reconnaissance de la noblesse, toi dont la muse a su ciseler pour elle un si agréable ouvrage. »

*Imprimé par D. JOUAUST*

POUR LA COLLECTION

DU CABINET DE VÉNERIE

JUILLET 1880

www.ingramcontent.com/pod-product-compliance
Ingram Content Group UK Ltd.
Pitfield, Milton Keynes, MK11 3LW, UK
UKHW012238240726
13966UKWH00003B/1151

9 782013 431170